"一起学办公"

Word
高效商务办公一本通

博蓄诚品　编著

U0201766

化学工业出版社

·北京·

内 容 简 介

各种办公软件已成为职场中必不可少的办公工具，Word是其中使用频率最高的软件之一，占有重要的一席之地。

本书通过大量的实操案例对Word的操作方法及使用技巧进行了详细的阐述，主要内容包括：Word的功能介绍与应用领域、Word的基本应用、样式与编号的应用、图文表混排的方式、表格的应用、页面布局设置、长文档的快速处理、文档的审阅与修订、查找与替换的应用以及Word高级应用技巧等。本书在讲解理论知识时，不仅介绍了软件的使用方法与技巧，还对一些要点进行了解析，让读者"知其然更知其所以然"；在介绍实操案例时，穿插安排了"经验之谈"和"注意事项"两个板块，让读者在更短的时间内掌握更实用的操作方法。

本书所选案例具有代表性，紧贴实际工作需要；知识讲解通俗易懂，内容版式轻松活泼。同时，本书还配套了丰富的学习资源，主要有同步教学视频、案例源文件及素材、常用办公模板、各类电子书、线上课堂专属福利等。

本书非常适合广大职场人员、Word新手、在校师生自学使用，还适合用作大中专院校、职业院校、培训机构相关专业的教材及参考书。

图书在版编目（CIP）数据

Word高效商务办公一本通/博蓄诚品编著. — 北京：化学工业出版社，2022.2（2023.10重印）

ISBN 978-7-122-40393-3

Ⅰ.①W… Ⅱ.①博… Ⅲ.①文字处理系统 Ⅳ.①TP391.12

中国版本图书馆CIP数据核字（2021）第252879号

责任编辑：耍利娜　　　　　　　　　　　美术编辑：王晓宇
责任校对：宋　夏　　　　　　　　　　　装帧设计：水长流文化

出版发行：化学工业出版社（北京市东城区青年湖南街13号　邮政编码100011）
印　　刷：三河市航远印刷有限公司
装　　订：三河市宇新装订厂
710mm×1000mm　1/16　印张15¾　字数355千字　2023年10月北京第1版第4次印刷

购书咨询：010-64518888　　　　　　　　　售后服务：010-64518899
网　　址：http://www.cip.com.cn

凡购买本书，如有缺损质量问题，本社销售中心负责调换。

价：69.00元

1. 为什么要学习Word

前不久，公司人事部来了一位新员工，领导让笔者带着她一起做事。她说自己会用Word，所以就试着让她做一些制度文件和劳务合同的编排工作。可经过几天的观察，发现她的工作效率较低。一份劳务合同，仅仅为其添加页眉和页码，她就用了大半天的时间，而且做出的效果还不满意。于是，我了解了一下她的整个制作过程，才明白她对Word的掌握仅仅限于基本操作，例如设置字体、段落格式等。

其实，职场中大部分人与她有同样的想法，认为只要会打字，会简单的格式设置，就算会用Word。实际并非如此！Word是Office办公软件中使用频率最高的软件之一，无论什么工种每天都会与它打交道，所以很值得花时间和精力去研究它。

当你开始去了解Word、研究Word时，会慢慢发现Word的魅力所在。

2. 选择本书的理由

编写这本书的目的并不是培养Word高手，而是让初学者也能够学会并掌握Word的使用方法。所以本书摒弃了大而全、高而深的理论知识，选择了实际工作中最具代表性的案例来介绍Word重要的知识点，使读者能够快速掌握操作技巧，并做到学以致用。

为了能够加深读者的印象，提高学习效率，本书在每章的末尾安排了"知识地图"，对重要知识点进行梳理。

总之，本书不是千篇一律的工具书，而是一本通俗易懂、实用性强、操作性强的"授人以渔"之书。

3. 学习本书的方法

（1）有针对性地学习

如果是职场小白，建议从Word基础知识学起，然后循序渐进，逐渐掌握更多技能。如果是具有一定基础的读者，建议根据自身情况，选择自己最薄弱的地方开始学习，弥补短板，这样可以节省时间，提高学习效率。

（2）多动手实践

在学习每个知识点时，千万不能只学不练。俗话说"纸上得来终觉浅"。如果只学习新知识，而不动手实践，会造成学与用的脱节。因此建议学完某个知识点后，要立即实践，以保证将操作技巧熟记于心。

（3）寻找最佳的解决方案

在处理问题时，要学会变换思路，寻找最佳解决方案。在寻求多解的过程中，会有意想不到的收获。所以建议多角度思考问题，锻炼自己的思考能力，将问题化繁为简，这样可以牢固地掌握所学知识。

（4）要不断学习并养成良好的习惯

Word简单、易学、上手快，但日后的不断学习也是很重要的。学习任何一种知识，都不可能"立竿见影"，Word学习也是如此。因此建议养成不断学习的好习惯，当你坚持把一本书看完后，会有一种特殊的成就感，将会成为学习动力的"源泉"。

4. 本书的读者对象

- 办公室行政人员
- 中小学老师
- 自认为Word很熟练的职场人士
- 想要提升自己工作效率的职场人士
- 刚毕业即将踏入职场的大学生
- 大、中专院校以及培训机构的师生

欢迎读者加入"一起学办公"QQ群（群号：693652086），获取本书相关配套学习资源，并与作者、同行一起交流经验。

本书在编写过程中力求严谨细致，但由于时间与精力有限，疏漏之处在所难免，望广大读者批评指正。

编著者

目录

重新认识Word

修炼内功成就好文档

文档样式使排版变简单

第4章

图文版式决定文档颜值

Word表格功能很强大

页面布局调整很重要

长文档快速编排秘技

第8章　审阅与修订不可忽视

第9章

让查找与替换无所不能

第 **10** 章

高级应用技能显身手

附录

学前预热 | 了解Word基本术语

在开始学习本书内容之前，需要先了解一些Word软件的常用术语，以便顺利地进入学习状态，保证学习效果。

双击Word软件图标，随即会打开Word软件的操作界面。该界面包含**快速访问工具栏**、**标题栏**、**功能区**、**文档编辑区**以及**状态栏**这5个部分。此外，该界面还包含一些特殊的操作工具，例如**导航窗格**、**水平标尺**和**垂直标尺**，如下图所示。

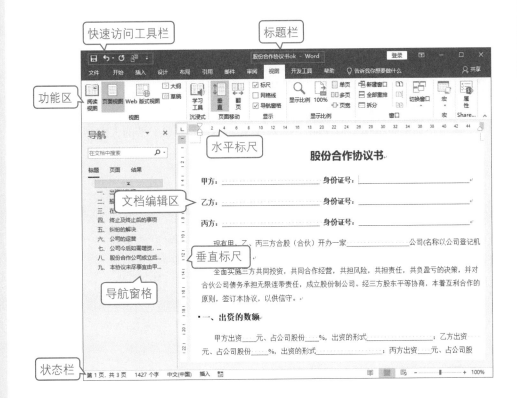

接下来，将对Word软件的一些常用术语进行解释说明。

（1）字体

字体用于设置文字的字体、字号、字形、字体效果、特殊效果以及字符间距等效果。

（2）段落

段落是指根据文档内容进行分段，并用换行符进行分隔。在"段落"选项卡中可以设置段落对齐、段落间距、段落行距、编号、项目符号等格式。

（3）项目符号、编号、多级列表

项目符号是利用各种符号、图形来强调段落的重要性，被标注的段落之间为并列关系。

编号与多级列表是按照1、2、3……或其他序列号来为段落排号，使文档更加具有条理性。被编号的段落之间为递进关系。

（4）样式

样式是指文档字体、字号、段落格式、图片样式的组合。用户可将这一组样式进行命名和保存，也可以将设置好的样式应用到其他文档样式中。在"样式"选项组中就可进行相应的设置操作。

（5）目录

文档目录指的是文档的大纲内容。通过目录，用户可以快速查找到指定的文档内容。

（6）导航窗格

导航窗格通常显示在文档左侧。利用该窗格可以快速了解文档的大致结构，并可以对其结构进行微调。此外，在该窗格中可以查找到指定的文本。

（7）查找与替换

查找与替换指的是快速地在文档中查找并更改指定的文本或文本格式。

（8）批注

对文档中部分内容提出修改意见或建议。文档作者可以参考这些意见来修改内容。

（9）页眉、页码

页眉位于页面上方，在页眉中可以显示文档标题、公司信息、公司logo等内容，起到一定的宣传与保护作用。

页码通常位于页面下方，用于标识当前页在整个文档中的位置。

（10）页面设置

页面设置包含"页边距""纸张大小""文字方向""纸张方向"等功能。其中"页边距"是指文字与页面边线之间的距离；"纸张大小"是指当前页面的尺寸大小，默认为A4大小；"文字方向"是指文档中文字显示的方向，默认为水平方向；"纸张方向"是指当前页面显示的方向，默认为纵向。

（11）页面边框

页面边框指的是文档页面周围的边框线。默认是无边框的，如需美化页面，可使用该功能来设置。

（12）分隔符

分隔符主要是将文档按照指定位置进行分隔。Word分隔符可分为分页符、分栏符、换行符和分节符4种,用户可根据需求来选择。

（13）分栏

分栏是将文档拆分成两栏或多栏,以优化页面版式效果。

（14）脚注、尾注

脚注是指对文档某个词或短语进行解释说明,并显示在当前页面底端。尾注与脚注相似,也是对文本进行补充说明,尾注位于文档的末尾,用于列出引文出处等。

（15）题注

题注就是为图片、表格、公式等项目进行编号或说明,一般显示在项目下方。

（16）索引

索引是指将文档中具有检索意义的内容,例如人名、地名、词语、概念等,按照一定方式有序编排起来,方便快速查找。

（17）邮件合并

邮件合并是Word软件中一种可以批量处理文档的功能。利用该功能可以批量制作出多份文件,例如请柬、邀请函、出入证、录取通知书等。

（18）域

Word域主要指的是应用范围,类似于数据库中的字段。它是Word文档中的一些字段,每个域都有一个唯一的名字,但有不同的取值,与Excel中的函数非常相似。

（19）修订

修订是指在不破坏原文档的情况下,对文档内容进行修改,并将修改的内容进行标记。用户可以选择接受修订的内容,也可以选择拒绝修订。当选择接受修订后,文档会以更改后的效果显示;如果拒绝修订,文档会以修改前的效果来显示。

（20）文档校对

校对是对文档中所用的字词、短语或句子的用法进行检查。如有错误,系统会对其进行标记,以便提醒用户去确认或更改。

（21）文档视图

Word中的文档视图包含阅读视图、页面视图、Web版式视图、大纲视图以及草稿视图,其中页面视图和大纲视图最为常用。

页面视图为默认的视图模式,在该视图中用户可以利用各种命令来对文档进行编排;大纲视图主要用于设置Word文档层级结构,在该视图中可以折叠或展开各层级的文档,方便快速浏览文档内容。

第 1 章

重新认识 Word

　　"你会使用Word软件吗？"相信90%的人回答是肯定的。但是真正使用时，又会出现各种问题。大多数人认为Word无非就是打打字、整理一下文档格式而已。其实，Word的功能并不是那么少，也没有想象的那么简单。本章将带领读者重新认识Word，一起体验Word到底有多强。

1.1 常见的8个低效率办公操作

相同的工作量，别人用10分钟就完成了，而自己却用了半小时才能勉强完成。其原因归根结底在于对Word使用不熟练。其实，在操作时只要掌握了一定的方法，工作效率将会大大提高。

1.1.1 低效率之一：习惯使用空格键

频繁使用空格键对于新手用户来说是家常便饭，对齐文本用空格键、段落缩进用空格键、添加下划线也用空格键，如图1-1所示。

▶扫一扫 看视频◀

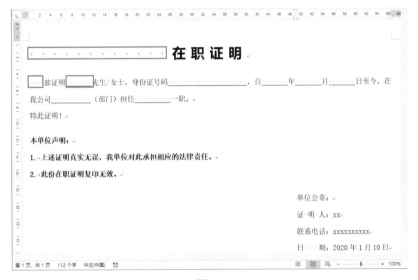

图1-1

这里先说明一下，空格键可以用，但不要滥用。例如在输入英文时，就需要在每个英文单词后添加一个空格，以方便区分。而遇到以上问题时，应尽量避免使用空格键，用户可通过以下方法来解决。

（1）利用文本对齐功能

在Word中文字默认的对齐方式为左对齐，若想将其居中显示，可在"开始"选项卡的"段落"选项组中单击"居中"按钮，或者直接按【Ctrl+E】快捷键即可，如图1-2所示。

图1-2

（2）利用标尺设置段落缩进

为了区分各段落内容，通常会将段落进行首行缩进两格操作，这时用户就可利用**标尺**功能来操作。全选段落，选择标尺上"首行缩进"滑块，将其向右拖拽至数值"2"上（2个字符）即可，如图1-3所示。

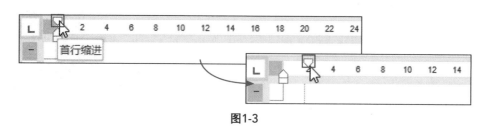

图1-3

利用该方法的好处在于，当按回车键另起一行输入下一段落内容时，光标会自动缩进两格，而无须再次敲空格键了。在"视图"选项卡中勾选"标尺"复选框即可显示标尺。

（3）利用制表位设置下划线

当需要输入一些填充内容时，就需要留出一些空间，以方便他人填写。这时通常会利用下划线并配合空格键进行操作。当然，填空较少时，该方法未尝不可；而填空较多的话，用户可使用**制表位**功能来操作，可谓是一劳永逸。

单击"段落"选项组右侧箭头按钮，打开"段落"对话框，单击"制表位"按钮，可打开同名对话框，设置好"默认制表位"参数后，在"引导符"选项组中单击"4____(4)"单选按钮，完成制表位的设置操作，如图1-4所示。接下来，单击"下划线"按钮，并将光标定位至要填空的位置，按一次键盘上的【Tab】键，此时系统会根据制表位参数，自动添加相应长度的下划线，如图1-5所示。

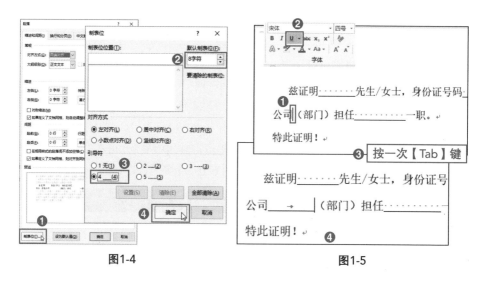

图1-4

图1-5

默认制表位参数为2字符，用户可以根据填充内容的长短来设置该参数。

▶扫一扫 看视频◀

1.1.2 低效率之二：长文档格式重复设置

当排版长篇文档时，如果不了解一些排版技巧，还真是一件麻烦的事。在长篇文档中为了使内容表达得更有条理，通常会添加一些"一、二、三……"小标题，而这些标题格式又区别于正文格式。例如，在图1-6所示的计划书中，要将所有小标题的字体设为黑体，字号设为四号，该如何操作呢？

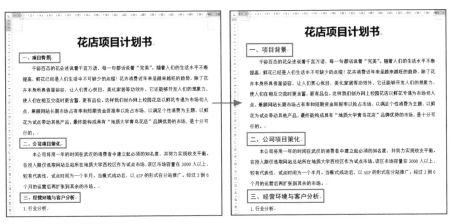

图1-6

对于不少人来说，要解决这个问题，估计会选择一个标题后进行字体、字号的设置，然后重复操作，直到设置最后一个小标题。这样下来，无形中就给自己添加了不少的麻烦。其实针对这类问题，利用"格式刷"功能就能够快速解决。

先设置好第1个标题格式，然后选中该标题，在"开始"选项卡中双击"格式刷"按钮，当光标呈刷子形状时，选择第2个标题内容，即可将第1个标题的格式复制到第2个标题上，如图1-7所示。继续选择其他标题内容，即可完成其他标题格式的复制操作。

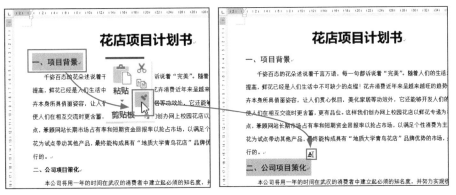

图1-7

> **注意事项** 单击"格式刷"按钮，只能复制一次格式；双击"格式刷"按钮，可以进行多次复制操作。

除了使用"格式刷"复制文本格式外，用户还可以使用"样式"来操作。利用"样式"功能可批量修改文本格式，使用起来要比"格式刷"方便（"样式"功能的应用可参阅本书第3章的相关内容。）

1.1.3　低效率之三：使用滚轮上下翻找内容

如果需要在一篇长文档中快速查看某段内容，相信不少用户会使用滚轮上下翻找，这样操作很浪费时间。遇到这类问题时，完全可以使用导航窗格来解决。

▶扫一扫　看视频◀

在"视图"选项卡中勾选"导航窗格"复选框，可在文档左侧打开"导航"窗格，用户可通过在搜索栏中输入关键词来查找所需内容，而被查找的内容会在文档中突显出来，如图1-8所示。

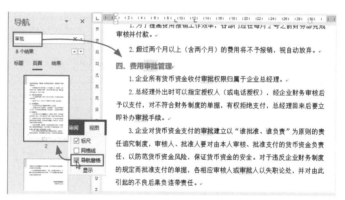

图1-8

此外，还可通过标题大纲快速查找内容，选中所需标题大纲，系统随即跳转至相关内容页面，如图1-9所示。无论哪种方法，都比使用滚轮翻找要快得多。

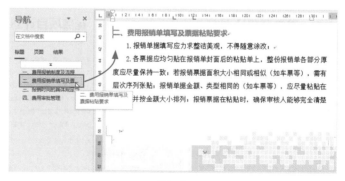

图1-9

1.1.4 低效率之四：不会使用快捷键

利用快捷键能够大大提高工作效率，但笔者不提倡把所有的快捷键都背下来，而建议根据自己的需求，有选择地运用。只有经常用，才会铭记于心。下面归纳了几组常用的快捷键，以供用户参考使用，如表1-1所示。

表1-1

功能	快捷键	功能	快捷键
设置文本格式	Ctrl+B（加粗文本）	对齐文本	Ctrl+E（居中对齐）
	Ctrl+I（倾斜文本）		Ctrl+L（左对齐）
	Ctrl+U（添加下划线）		Ctrl+R（右对齐）
保存文档	Ctrl+S	快速清除格式	Ctrl+Shift+N
放大/缩小字体	Ctrl+] / Ctrl+[	设置单倍行距	Ctrl+1
打印文档	Ctrl+P	清除文本超链接	Ctrl+Shift+F9
插入日期	Alt+Shift+D	插入时间	Alt+Shift+T
插入版权符号	Alt+Ctrl+C	插入注册商标符号	Alt+Ctrl+R
切换英文大小写	Shift+F3	查找和替换	F5
另存为	F12	重复上一步操作	F4

1.1.5 低效率之五：靠肉眼逐个修改指定的文本格式

如果需要在文档中突出显示某一关键词，不少用户会选择逐一查找并修改其文本格式，这样既费体力又费时间。而使用"查找和替换"功能就能轻松解决此类问题。例如，将正文中所有"报销"的字体颜色设为橙色，并加粗显示，如图1-10所示，该如何操作呢？

▶扫一扫 看视频◀

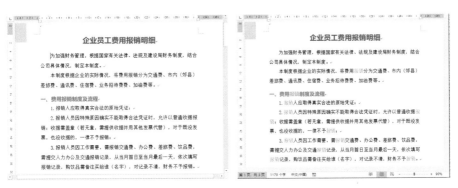

图1-10

9

方法很简单,首先将光标定位至正文起始处,按【F5】键打开"查找和替换"对话框,在"查找内容"方框中输入"报销",然后将光标定位至"替换为"方框中,并单击"格式"按钮,在打开的列表中选择"字体"选项,打开"查找字体"对话框。在此根据要求设置好文本格式,单击"确定"按钮,如图1-11所示。返回到上一层对话框,将"搜索"设置为"向下",单击"全部替换"按钮,在打开的提示框中选择"否"选项,即可完成批量修改操作,如图1-12所示。

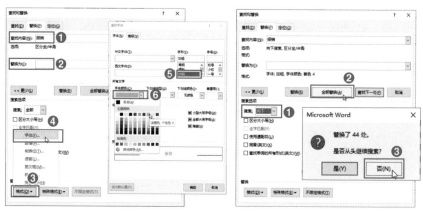

图1-11   图1-12

"替换"功能很强大,它不仅可批量修改文本内容,还可批量删除空格、空行等内容,甚至还能隐藏手机号等(该功能具体操作可参阅本书第9章的相关内容)。

1.1.6　低效率之六:只会使用【Ctrl+C】和【Ctrl+V】

众所周知,【Ctrl+C】和【Ctrl+V】是复制和粘贴的快捷键,使用起来很方便。但对于复制粘贴一些特殊文档内容,它们好像又不是那么好用。

例如,想要在网页中复制一段内容至Word文档中,通常的做法是:打开网页→选中内容→按【Ctrl+C】组合键复制→打开Word文档,按【Ctrl+V】粘贴→完成。可是复制后的文档效果如图1-13所示。

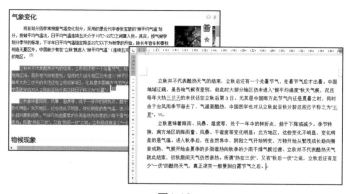

图1-13

复制后的文档会将网页中所有的链接原封不动地复制过来，用户还需返工修改格式。其实，复制粘贴不只是【Ctrl+C】和【Ctrl+V】这两个快捷键，它还有更高级的用法，例如只保留文本。

从网页中选择内容后，按【Ctrl+C】进行复制，然后在Word中指定好要粘贴的位置，单击鼠标右键，在"粘贴选项"组下选择"只保留文本"按钮，此时被复制的网页内容将会以纯文本的形式来显示，如图1-14所示，避免再对文档格式进行修改。

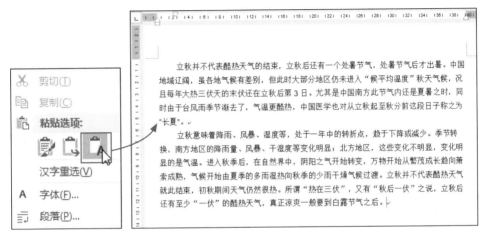

图1-14

右键粘贴还有其他几种选项，用户可以根据文档需求进行选择（具体操作可阅读本书第2章的相关内容）。

1.1.7 低效率之七：Word 转 PPT，只会一页页地复制

将四五十页的Word文档转换成PPT文稿，如果不会技巧，只会一页页地复制，这工作量可想而知！好不容易完成后，发现还少点内容，还要再返回修改……

Word中有一键发送功能，它可以快速地将调整好的Word文档直接转换成PPT。别说四五十页内容，哪怕上百页的内容也能够在5分钟内轻松完成转换，如图1-15所示的是Word转PPT效果。

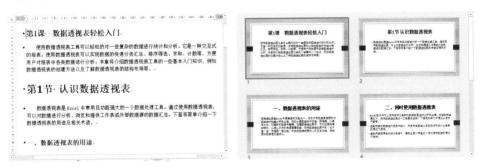

图1-15

但是需要注意的是，在转换前，需要将Word文档中的标题内容设置为大纲级别。否则转换后的PPT还需要再次调整，这样就得不偿失了（大纲级别的设置可参阅第7章的相关内容）。

注意事项 默认情况下"发送到Microsoft PowerPoint"命令是不显示在界面中，用户需要自行添加才可以。打开"选项"对话框，在"快速访问工具栏"界面中选择该命令进行添加即可，如图1-16所示。

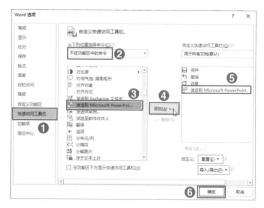

图1-16

1.1.8 低效率之八：手动输入目录内容

对长文档来说，添加目录是很有必要的。它能够让人快速地了解文档结构，并且能够准确地定位到要查看内容的位置。Word中有目录提取功能，使用该功能可以快速提取当前文档的目录，无须用户手动输入（目录提取的操作可参阅本书第7章的相关内容），如图1-17所示。

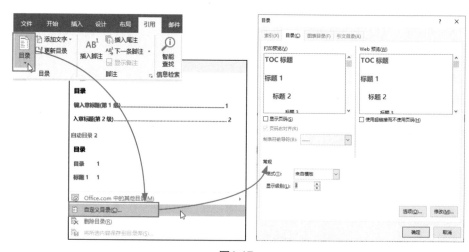

图1-17

1.2 Word案例效果解析

在职场中,Word软件使用率非常高,用它可以制作各种类型的文档,例如各类证明文件、通知、合同协议、学术论文、信息统计文档、产品说明书、信函等。下面将对一些常见的文档类型进行解析,好让用户了解Word软件的强大之处。

1.2.1 证明、通知类文档

证明类文档是指可供证明特定事实的文件,例如个人收入证明、离职证明等,如图1-18所示。通知类文档是指向特定对象告知或传达有关事项,让对方了解并执行的文件,例如放假通知、会议通知、人事任免通知等,如图1-19所示。

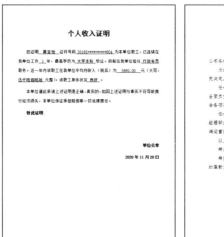

图1-18　　　　　　　　　　　图1-19

对于这类文档,其页面版式和文档格式相对比较简单。一般输入内容后,设置基本格式即可,例如页边距、文本格式、段落行距、段前段后值等。

1.2.2 合同、报告类文档

合同是当事人或当事双方之间设立、变更、终止民事关系的协议文档,它具有法律效力。常见的合同文档有:劳动合同、购房合同、买卖合同、建设工程合同、保险合同等,如图1-20所示。报告是下级向上级汇报工作、反映情况、提出意见或建议以及答复上级询问时所使用的文档。常见的报告文档有:项目工作汇报、述职报告、工作总结、市场调查报告等,如图1-21所示。

图1-20

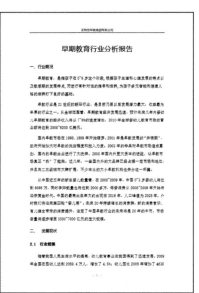

图1-21

在排版这类长文档时,常用到的功能有样式、页眉页脚、页码、项目符号及编号,有时也会根据需要添加相关目录内容。

1.2.3 信息登记、数据统计类文档

在日常工作中,利用Word制作一些登记表或数据报表是很常见的,例如员工入职登记表、员工档案信息表、绩效考核表、产品报价单等。如图1-22所示的是员工绩效考核表,图1-23所示的是产品报价单。

图1-22

图1-23

Word表格功能比较强大，能够根据需求制作出各种样式的表格。此外，用户还可以利用表格功能进行文本对齐以及图文混排操作，让页面变得美观又大方。

1.2.4 宣传画册、使用说明书类文档

宣传画册主要是用于宣传公司文化及产品的文档，产品使用说明书主要是用于介绍该产品性能以及使用方法的说明文档。不少人认为这类文档只有用Photoshop、Illustrator等平面设计类软件才能制作，其实不然，利用Word也能够做出很多精美的画册和说明书。如图1-24所示的是新品宣传画册封面效果，图1-25所示的是产品使用说明书封面效果。

图1-24　　　　　　　　　　　　　　　　图1-25

处理这类文档时，主要使用到的功能有：形状的编辑美化、文本框的应用、图片编辑与美化等。利用这些功能可以灵活地对图片、文本进行快速排版，使原本平淡无奇的页面版式变得生动有趣。

1.2.5 证书、邀请函类文档

证书是指由企业、学校、团体等颁发的证明资格或权利的文档，是表明或判定事理的凭证。邀请函是指个人或单位邀请亲朋好友或知名人士等参加某项活动的书信文档。这类文档属于特殊文档，一般需要进行批量制作，在职场中也比较常见，例如各类通知书、工作证、准考证、席卡等。如图1-26所示的是荣誉证书效果，图1-27所示的是邀请函效果。

图1-26

图1-27

在Word中，要想制作以上特殊文档，就要使用到邮件合并功能。该功能可以快速地按照所指定内容批量生成多份文档，以避免用户逐一制作文档而带来的麻烦。

1.3 成为Word能手的必修之路

Word能手=正确的学习方法+良好的操作习惯+熟练的操作技能。在学习操作技能前，先要寻找适合自己的学习方法，并培养良好的操作习惯，在此基础上再来学习Word技能就易如反掌了。

1.3.1 掌握科学排版的流程

在编排Word文档时，大多数人都习惯先录入再排版，其实这种方式的效率比较低。如果没有一定的排版经验，后期排版时会比较吃力。科学的排版方式是边输入边排版。事先将文档页面和格式调整好后，再套用格式来输入内容。实践证明，这种方式的效率比较高。

（1）调整页面布局

页面布局设置是文档排版的第一步，也是经常被忽略的一步。不少人习惯在打开Word后就直接输入并排版内容，后来发现与规定纸张大小或页边距有出入，不得已而返工。正确的方式是，先根据规定调整好纸张大小、纸张方向以及页面边距值等，然后再输入内容。

（2）设置文档样式及多级列表

样式在Word排版中占有举足轻重的地位，它是自动化排版的基础。多级列表是文档逻辑的重要表达方式，巧妙地利用好这两者的关系，排版效率将会直线提高。

（3）套用样式输入内容

文档样式设置好后，接下来就可套用样式并输入文本内容了。当内容输入完毕后，文档版式也就排版完成了，这样能达到事半功倍的效果。

（4）完善美化文档

为了使文档变得美观大方，用户还需要对一些细节进行完善调整，例如添加页眉页脚，或为长文档添加目录和封面等。

以上就是科学排版的大致流程。在录入文档时，还有另一种现象，就是为了提高录入效率，内容大多是以复制的方式东拼西凑出来的，导致一份文档中有多种格式，这样会给后期排版带来很大的麻烦。

当遇到这种情况时，用户可以使用两种方法来解决：第一种，使用"只保留文本"粘贴方式来复制内容；第二种，在开始调整版式前，先将所有格式清零，然后再进行排版设置。操作方法：按【Ctrl+A】全选文档，然后在"开始"选项卡的"字体"选项组中单击"清除所有格式"按钮，此时所选文本格式将恢复到初始状态，如图1-28所示。

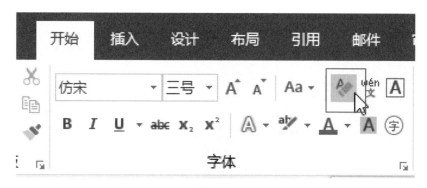

图1-28

1.3.2 养成好的操作习惯

培养好的操作习惯，可以使自己的工作效率提高很多。而这些习惯很多都是顺手的事，无须去刻意练习。

（1）学会文件重命名

新建Word文档，默认会以"Doc1"进行命名，如果要创建多份Word文档，许多人为了图省事，会在原名称的基础上进行排号，例如"Doc1、Doc2、Doc3……"，如图1-29所示，这样将不利于以后快速查找文档。所以，养成文件重命名的习惯很重要，这样能够让用户第一时间找到所需的文档。

用户可在进行"另存为"操作时重命名；也可以在保存好的文件上，按【F2】键进行重命名操作，如图1-30所示。

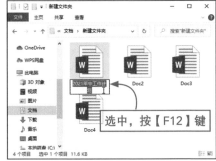

图1-29

图1-30

（2）随手保存文档

新建Word文档后，不要急于开始输入内容。而是按【Ctrl+S】组合键打开"另存为"对话框，先对当前文档进行保存，然后再进行文档的后续操作。该习惯可以确保电脑出现"罢工"时，能够及时地保存并找回文档内容。

Office软件有自动保存功能，默认为10分钟自动保存一次文档。用户可将该时间段设为5分钟，如图1-31所示。当文档出现非正常关闭时，可根据"自动恢复文件位置"中的路径查找最近一次自动保存的文档，打开它并对其进行手动保存即可，如图1-32所示。

图1-31

图1-32

注意事项　虽然系统有自动保存和恢复功能，但为了保险起见，在操作文档时还是要随时进行【Ctrl+S】操作，从而更好地保护文档。

（3）显示标尺和导航窗格

在制作文档前，建议用户开启标尺功能和导航窗格，如图1-33所示。

图1-33

利用标尺可以快速对齐文本内容；而利用导航窗格可方便用户调整文档的结构。在该窗格中选择所需标题内容，将其拖拽至目标位置，即可调整文档前后顺序，如图1-34所示。此外，右击该标题，在快捷菜单中还可以调整该内容的大纲级别、删除该标题内容等，如图1-35所示。

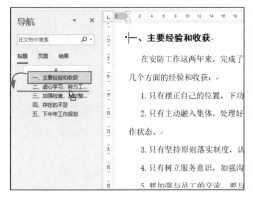

图1-34

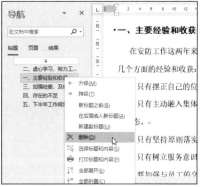

图1-35

（4）显示编辑标记

显示编辑标记是一个非常好的习惯。在文档中显示了编辑标记后，该文档的所有格式都会一目了然。默认情况下，编辑标记为关闭状态。要想显示其标记，只需在"开始"选项卡的"段落"选项组中单击"显示/隐藏编辑标记"按钮即可，如图1-36所示。

图1-36

显示编辑标记后，用户会及时发现异常的文档格式，并对其进行调整，例如出现多个空行或分节符位置有误等，如图1-37所示。图1-38所示的是隐藏编辑标记的效果。

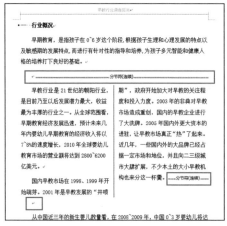

图1-37

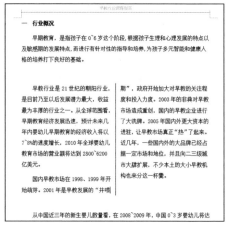

图1-38

1.3.3　选择最佳的学习方法

学习知识是要讲究方法的，正确的学习方法可大幅提高学习效率；相反，错误的学习方法会出现事倍功半的效果，从而降低学习效率。下面罗列了3条学习建议，供用户参考。

（1）学习需循序渐进

学习Word技能时，建议用户循序渐进地学习。先了解Word软件有哪些功能，这些功能都是如何分布的，以及一些常用命令的基本操作。只有打好基础，练好基本功，才能为以后提升技能做准备。如果连基础的操作都不了解，就想直接晋级，那么学习起来会很困难。

（2）多模仿练习

对于初学者来说，模仿练习很有必要，因为模仿别人的作品可以快速提升自己的技能。此外，通过不断的模仿，也可以学习别人解决问题的思路。久而久之，当自己处理类似的问题时就能够游刃有余了。

（3）多思考多实践

只学习不思考，当下次再遇到类似的问题时还是不会解决。所以在学习和应用中多思考，才能悟出其原理和规律，才能拓展自己的思维，达到举一反三的效果。

只学习不实践，就很难将学到的技能运用到实际工作中，这些技能将无用武之地。

第 2 章

修炼内功成就
好文档

文本的选择、复制、输入等看似很简单，但如果不了解其中的一些门道，要想高效完成工作，还是会有些困难的。本章将向读者介绍Word基础操作的巧妙用法，让读者能够轻松处理手中的日常工作。

2.1 选取文本内容

在文档中要选择指定的文档内容,方法有很多。例如,仅使用鼠标,使用鼠标配合快捷键,使用选择窗格。要求不同,其选取方式也不同。

2.1.1 常规选取文本的方法

使用鼠标拖拽来选择文本是最常用的方式。此外,还可双击或三击鼠标来选择。当需要选择某一词组时,只需将光标放置于该词组中,双击鼠标左键即可选中,如图2-1所示。如果需要选择一段文本,那么将鼠标放置在该段落前空白处,当光标呈箭头图标后,双击即可选中当前段落,如图2-2所示。

图2-1

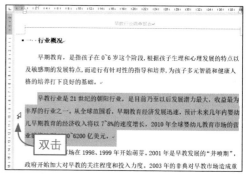

图2-2

在文档左侧空白处三击鼠标,可全选文档内容,如图2-3所示。如果要选择不连续文本,可按住【Ctrl】键,并用鼠标拖拽来选择,如图2-4所示。

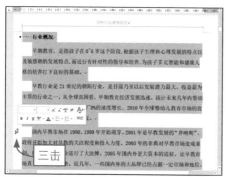

图2-3

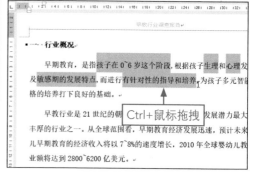

图2-4

2.1.2 使用快捷键快速选取

在操作过程中,用户还可使用快捷键进行快速选取操作。比如,要选择光标位置上一行的文本内容,可使用【Shift+↑(方向键)】快捷键操作,如图2-5所示。又比如,要选择从指定位置到当前段落末尾处的文本内容,可使用【Ctrl+Shift+↓】来操作,如图2-6所示。

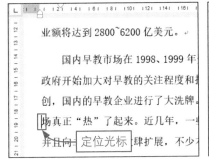
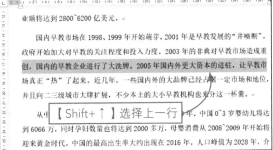

图2-5

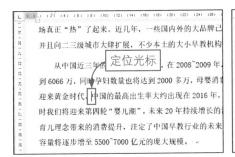
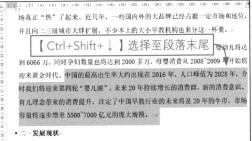

图2-6

下面罗列了一些常用文本选择快捷键及其功能,供用户参考,如表2-1所示。

表2-1

快捷键	功能描述
【Shift+鼠标单击】	选定从鼠标单击起点至单击终点间内容
【Shift+←】	向左选定一个字符
【Shift+→】	向右选定一个字符
【Shift+↑】	向上选定一行
【Shift+↓】	向下选定一行
【Shift+Home】	选定内容扩展至行首
【Shift+End】	选定内容扩展至行尾
【Ctrl+Shift+←】	选定内容扩展至上一单词结尾或上一个分句末尾
【Ctrl+Shift+→】	选定内容扩展至下一单词开头或下一个分句开头
【Ctrl+Shift+↑】	选定内容扩展至段首

续表

快捷键	功能描述
【Ctrl+Shift+↓】	选定内容扩展至段尾
【Shift+PageUp】	选定内容向上扩展一屏
【Shift+PageDown】	选定内容向下扩展一屏
【Ctrl+Shift+Home】	选定内容扩展至文档开始处
【Ctrl+Shift+End】	选定内容扩展至文档结尾处
【Ctrl+A】或【Ctrl+小键盘数字键5】	选定整篇文档

 经验之谈

　　利用键盘上的【F8】键也可以进行文本的选择。首次按【F8】后，会启动选择模式；再次按【F8】，可选中光标所在处的短语和词组；三次按【F8】，可选中光标所在处的一整句话；四次按【F8】，可选中光标所在处的段落文本；五次按【F8】，可选中整篇文档。

2.1.3　使用选择工具选取

　　"选择"工具也许了解的人不多，但该功能其实很实用。利用它可以快速选择文档中所有的图形和文本框。此外，还可以批量选择相同格式的文本内容，以避免逐个选择浪费时间。

　　在"开始"选项卡的"编辑"选项组中单击"选择"下拉按钮，在其列表中用户可以根据需要选择所需工具进行操作，如图2-7所示。

图2-7

下面对"选择"列表中的选项进行说明。

（1）全选

　　该选项可选择当前全部文档内容，其功能类似于【Ctrl+A】全选功能。

（2）选择对象

　　该选项可以一次性选择当前页面中所有的形状及文本框。具体操作：选择该选项后，使用鼠标拖拽的方式，将当前页面中的形状或文本框都框选在内即可，如图2-8所示。

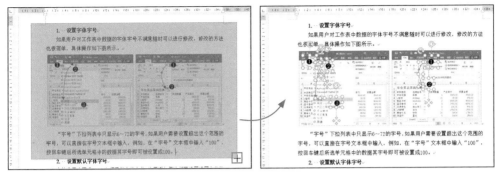

图2-8

（3）选择格式相似的文本

该选项可以批量选中所有与所选文本格式相同的文本。例如，当需要对文档中的小标题格式进行修改时，可先选择其中一个小标题文本，然后选择该选项，此时，文档中所有与该标题格式相同的文本都会被选中，最后统一修改格式即可，如图2-9所示。

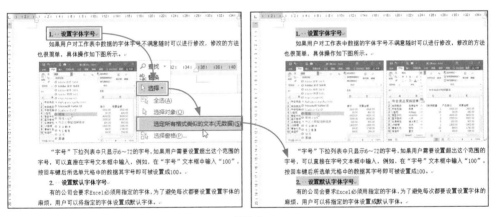

图2-9

（4）选择窗格

该选项可打开"选择"窗格。在该窗格中会显示当前文档中所有的图片及图形。用户可对这些图形或图片的显示顺序进行调整。单击"全部隐藏"按钮，可隐藏窗格中所有选项。若只想对某张图片或图形进行隐藏，只需选择该选项，然后单击右侧眼睛图标 👁 即可隐藏，如图2-10所示。

 注意事项 选择窗格只针对文档中所有非嵌入式的图片进行操作，嵌入式图片一概不能使用。

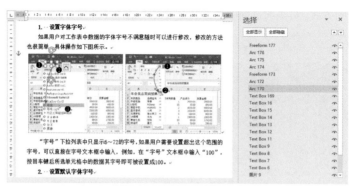

图2-10

2.2 复制文本及格式

文本的复制虽然简单,但如果不了解其中的技巧,效率照样会很低。此外,文本格式也可以进行复制,用户只需设置好一个文本格式,其他的交给格式刷就行了。下面将对文本及其格式的复制进行详细介绍。

2.2.1 选择性粘贴文本

当需要从其他文档中复制内容时,使用【Ctrl+C】和【Ctrl+V】直接复制的话,会出现一份文档多种格式的情况。例如字体大小不一、段落间距有松有紧,如图2-11所示,有时还会出现一些多余的空行或空格,调整起来比较麻烦。

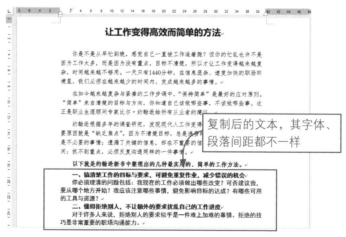

图2-11

为了避免二次修改,建议用户在复制文档时,利用选择性粘贴功能来操作。在使用

【Ctrl+C】进行复制后，右击鼠标，在快捷菜单的"粘贴选项"组中，根据需要选择粘贴的方式，即可粘贴内容，如图2-12所示。

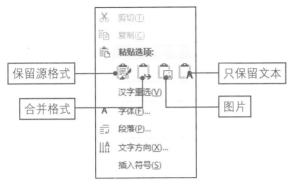

图2-12

（1）保留源格式

该方式与【Ctrl+C】和【Ctrl+V】功能相同。被复制的文本，其格式依然会保持原始模样。当被复制的文本格式与目标格式相同的情况下，可使用该方式进行操作。

（2）合并格式

该方式会删除原本格式，并与当前文档格式保持一致，如图2-13所示。当需要将文本按照目标格式来显示的话，可使用该方式操作。

（3）图片

该方式是将被复制的内容以图片形式显示，如图2-14所示。一旦使用这种方式，复制后的内容将无法编辑。

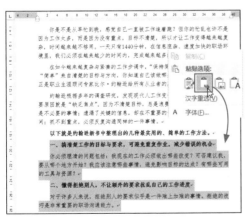

图2-13   图2-14

（4）只保留文本

该方式与合并格式效果几乎相同，如图2-15所示，但也有一定的区别。当复制内容中有图片或表格时，使用该方法后，图片将不保留，表格只显示文字内容。

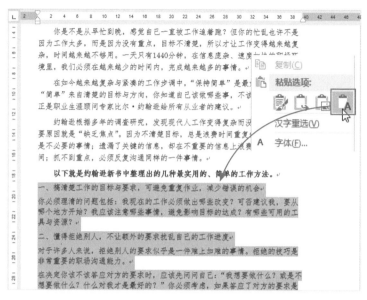

图2-15

2.2.2 格式复制的两种方法

复制格式与复制文本相似。当需要对多个文本应用相同格式时，可进行格式复制操作。在日常操作中，用户可以通过以下两种方法来进行复制。

（1）使用格式刷复制

格式刷，顾名思义，就是复制格式用的。它可以快速地将所需文本的格式批量应用到其他文本上，从而避免重复设置。用户可在"开始"选项卡中单击"格式刷"按钮进行操作，如图2-16所示。此外，在快捷工具栏中也可选择"格式刷"命令来操作，如图2-17所示。具体使用方法可参阅1.1.2节的相关内容。

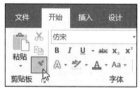

图2-16

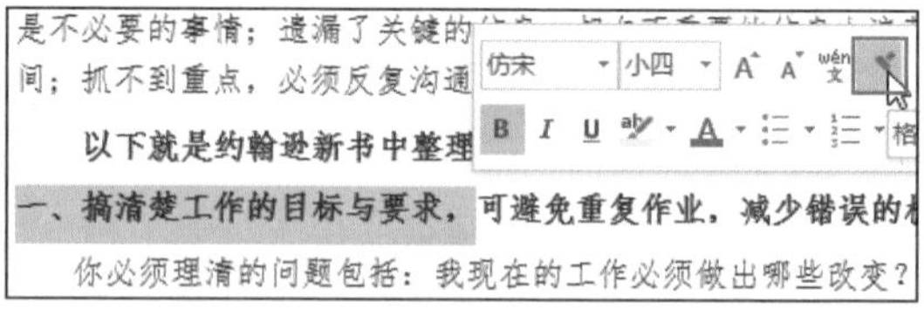

图2-17

（2）使用【F4】键复制

【F4】功能键可以快速地重复上一步操作。如果上一步是对文本格式进行设置，如图2-18所示，那么在选择其他文本后，按下【F4】功能键，此时，被选中的文本将会应用相同的格式，如图2-19所示。

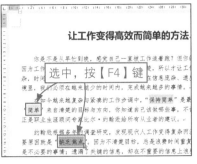

图2-18　　　　　　　　　　　　图2-19

经验之谈

　　【F4】功能键除复制格式外,还可以重复录入相同的文字内容,以及快速添加相同的图形。此外,在表格中如果使用公式计算的话,利用【F4】键可快速填充计算结果,其功能类似于Excel数据填充功能,非常方便。

2.3　特殊文本输入

　　在工作中经常会遇到要输入一些特殊文本,例如生僻字、公式特殊符号、拼音字符、特殊符号等情况。像这类文本,如何既快又好地输入呢?下面对其进行详细介绍。

2.3.1　输入生僻字

▶扫一扫 看视频◀

　　要在文档中输入生僻字,可使用"符号"功能来操作。例如,想要输入"砼"字,可以先在文档中输入"石",然后将其选中,在"插入"选项卡中单击"符号"下拉按钮,在其列表中选择"其他符号"选项,如图2-20所示。在"符号"对话框中系统将自动罗列出与"石"相关联的文字,选择所需的文字,单击"插入"和"关闭"按钮即可,如图2-21所示。

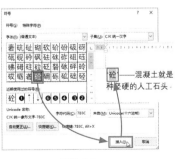

图2-20　　　　　　　　图2-21

> 经验之谈
>
> 　　除了使用"符号"功能外，还可以使用输入法中的"手写输入"功能来操作。以QQ输入法为例，右击输入法图标，在其列表中选择"手写输入"选项，在打开的写字板中书写所需文字，然后在右侧列表中选择该文字即可，如图2-22所示。

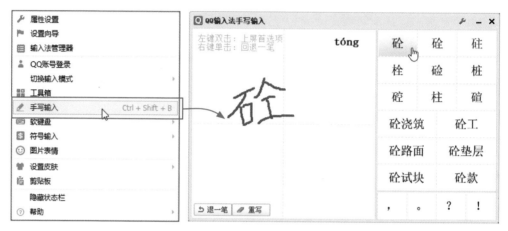

图2-22

2.3.2　输入公式

　　要输入公式，可以使用两种方法：简单的公式可以利用"公式"选项卡中的功能来操作；复杂的公式，就可以使用"墨迹公式"来操作。

（1）插入公式

　　将光标定位至公式插入点，在"插入"选项卡中单击"公式"下拉按钮，从列表中选择可以选择预设的公式模板，也可以选择"插入新公式"选项自定义公式内容，如图2-23所示。在光标处会显示公式编辑框，单击该编辑框可打开"公式工具"选项卡，根据需要选择公式的结构、符号等。例如，选择"结构"选项组中的"大型运算符"下拉按钮，从列表中选择常用的求和运算符，此时，该运算符将插入至编辑框中，如图2-24所示。

　　选择要修改的内容"n"，在"符号"选项组中选择"无穷大"符号，将其替换，并将"i=0"更改成"n=1"，如图2-25所示。选中编辑框中的虚线框，在"结构"选项组中选择"上下标"下拉按钮，选择"下标"选项，并输入相应的内容"an"，单击编辑框外任意一点，即可完成该公式的输入操作，如图2-26所示。

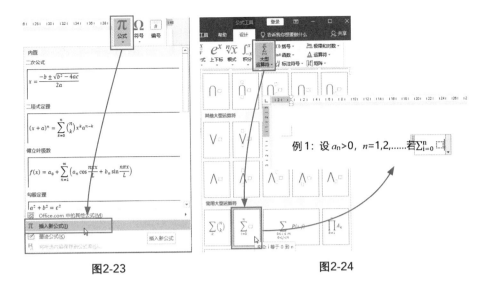

图2-23　　　　　　　　　　　　　　　　　图2-24

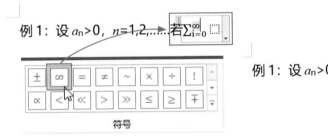

图2-25

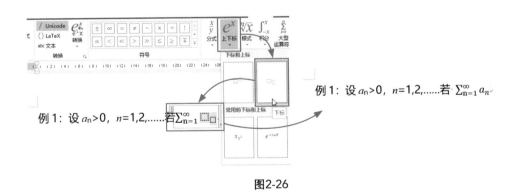

图2-26

经过以上操作，会发现输入的公式效果与期望的不一样，这是由于公式有两种显示模式，一种是"内嵌"，另一种是"显示"。要将公式与文字在一行显示，会以"内嵌模式"显示，如图2-27所示。如将公式单独一行显示的话，会以"显示模式"显示，如图2-28所示。

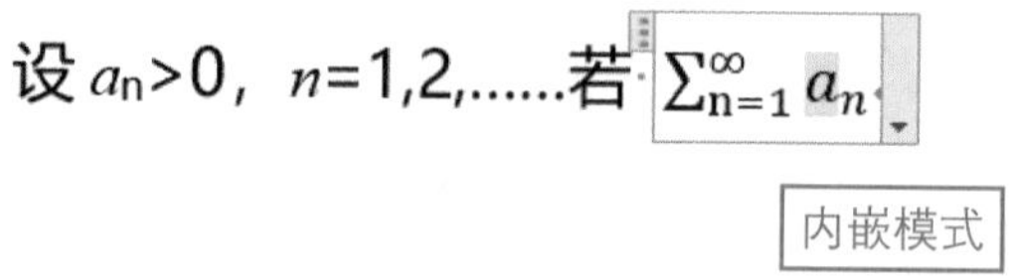

设 $a_n>0$, $n=1,2,......$若 $\sum_{n=1}^{\infty} a_n$

内嵌模式

图2-27

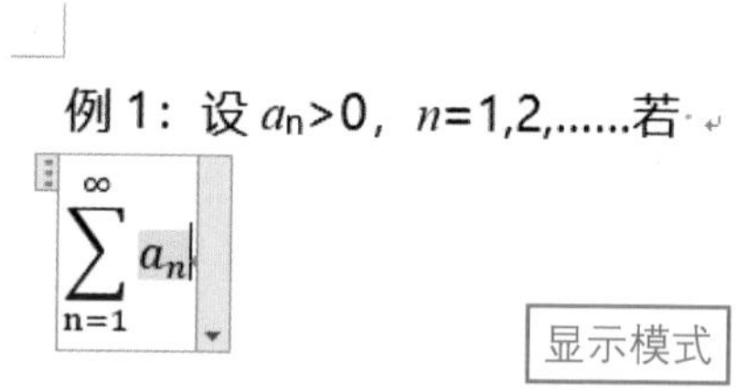

例1：设 $a_n>0$, $n=1,2,......$若

$$\sum_{n=1}^{\infty} a_n$$

显示模式

图2-28

（2）墨迹公式

在"公式"列表中选择"墨迹公式"选项，在打开的"数学输入控件"窗口中，利用鼠标手动输入公式内容，系统会自动识别其内容，并显示在预览窗口中，如图2-29所示。如识别错误，可单击"擦除"按钮，擦除识别错误内容，然后单击"写入"按钮重新写入，直到识别正确为止。然后，单击"插入"按钮即可，如图2-30所示。

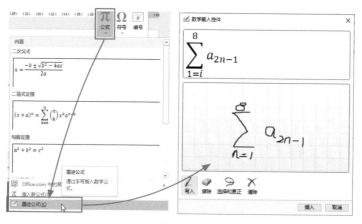

图2-29

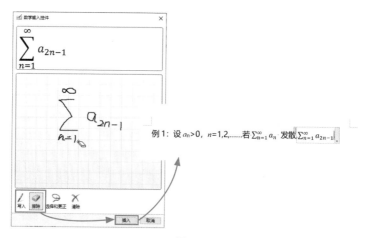

图2-30

2.3.3 为文本添加拼音

要为文本添加拼音,可以用两种方法来实现:一种是用"拼音指南"功能直接添加;另一种是用"符号"功能来添加。

（1）使用"拼音指南"功能添加

选择要添加的文本内容,在"开始"选项卡的"字体"选项组中单击"拼音指南"按钮,打开"拼音指南"对话框,在此用户可对拼音文字的对齐方式、字体、偏移量、字号等内容进行设置,这里将"对齐方式"设为"居中",如图2-31所示。

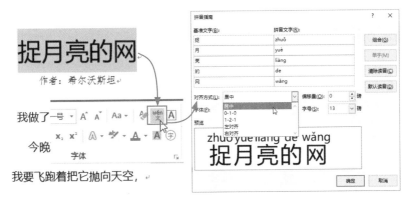

图2-31

设置好后,单击"确定"按钮,此时被选中的文本已添加相应的拼音文字,如图2-32所示。

zhuō yuè liàng de wǎng
捉月亮的网

作者：希尔沃斯坦

我做了一个捉月亮的网,

今晚就要外出捕猎。

我要飞跑着把它抛向天空,

图2-32

注意事项

"拼音指南"功能在Word 2019版本中可以正常使用。如果低于该版本,则需安装微软输入法才可正常显示,否则只会显示拼音文字,而不显示音标。

（2）使用"符号"功能添加

如果软件中没有"拼音指南"功能,那么用户则可使用"符号"来操作。先用文本框输入拼音字母,然后选中所需添加音标字母,比如选择"u",如图2-33所示。打开"符号"对话框,将"来自"设为"简体中文GB(十六进制)",将"子集"设为"拼音",然后在列表中选择所需音标,如图2-34所示。

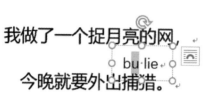

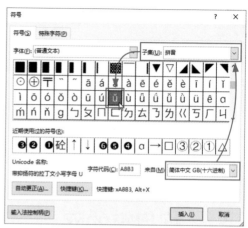

图2-33   图2-34

单击"插入"按钮,关闭该对话框,即可完成音标的添加操作,如图2-35所示。按照同样的方法完成"lie"音标的添加操作,如图2-36所示。

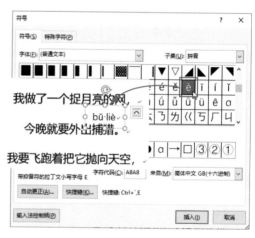

图2-35   图2-36

2.3.4   输入特殊字符

以上介绍的是一些常见特殊字符的输入方法。除此之外,还会遇到其他一些字符,例如上下标文本、带圈文本以及数字的无限循环等。

(1)添加上、下标文本

如果需要输入上标或下标文本,只需在"开始"选项卡中单击"下标 x_2"或"上标 x^2"按钮即可输入。例如,要输入X的平方数,那么先输入"X",然后单击"上标"按钮,再输入"2"即可,如图2-37所示。也可先输入"X2",然后选择"2",单击"上标"按钮,同样也可输入平方数，如图2-38所示。

图2-37

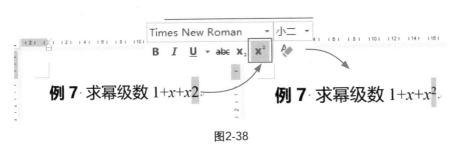

图2-38

> **注意事项** 输入完上标或下标文本后，需要关闭该命令，才能输入正常文本，否则将会一直处于上标或下标的输入状态。

（2）输入带圈字符

如果要在文档中输入"①、②、③……"这类带圈字符，用户可以通过两种方法来操作。对于"①~⑩"可用"符号"功能直接插入，如图2-39所示。如果需要输入10以后的带圈字符，例如输入⑮字符，可先输入"15"，然后将其选中。在"开始"选项卡中单击"带圈字符"按钮，如图2-40所示。

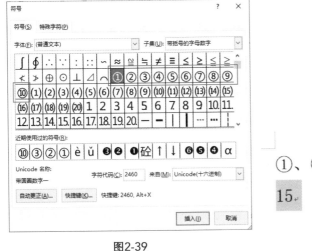

图2-39

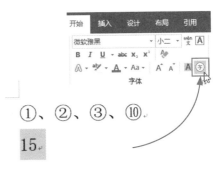

图2-40

在打开的"带圈字符"对话框中选择好圈样式,单击"确定"按钮即可完成输入操作,如图2-41所示。

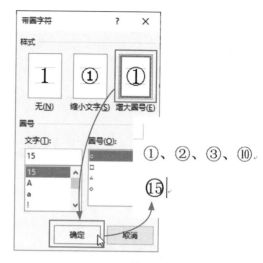

图2-41

> **经验之谈**
>
> "带圈字符"功能除了输入带圈数字外,还可以输入带圈文字,例如输入版权所有"©"、注册商标"®"等,其方法同上。

（3）输入无限循环符号

无限循环符号在实际工作中也能够遇到,在输入该字符时,可结合"符号"和"拼音指南"两种功能来操作。例如,输入1.52,将"5"和"2"上方添加无限循环符号,其方法如下。

先打开"符号"对话框,找到类似无限循环的符号,将该符号插入文档中,如图2-42所示。按【Ctrl+X】键剪切该符号,再选中"5"和"2"文本,打开"拼音指南"对话框,分别在"5"和"2"相对应的"拼音文字"列表中,按【Ctrl+V】组合键粘贴符号,并调整好"字号"的大小,单击"确定"按钮即可,如图2-43所示。

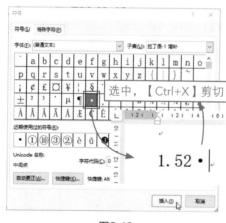

图2-42

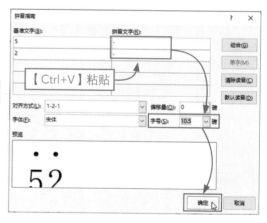

图2-43

2.4 文档格式巧设置

常规的文档格式无外乎是设置字体、字号、文本颜色、加粗等,这些操作相信大多数用户都会。下面将介绍一些特殊文档格式的设置方法，以供用户参考。

2.4.1 同时设置中英文格式

如图2-44所示的是一套语文测试题，其所有字体为黑体。现需要将其中的中文字体设为"宋体"，将拼音字体设为"Times New Roman"，该如何快速操作呢? 方法很简单，利用"字体"对话框就可以快速解决。

按【Ctrl+A】组合键全选文档，单击"字体"右侧小箭头按钮，打开"字体"对话框。将"中文字体"设为"宋体"，将"西文字体"设为"Times New Roman"，其他为默认，单击"确定"按钮即可，如图2-45所示。

图2-44

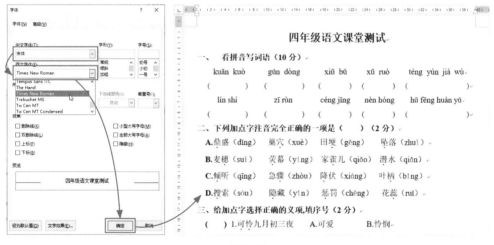

图2-45

2.4.2 为文本添加下划线

要为文本添加下划线，首先需要选中相应的文本，然后在"开始"选项卡中单击"下划线"按钮即可，如图2-46所示。此外，将输入法设为英文状态，按【Shift+—(减号)】组合键，可快速添加下划线。如果要删除添加的下划线，可选中它，再次单击 "下划线"按钮，关闭该功能即可。

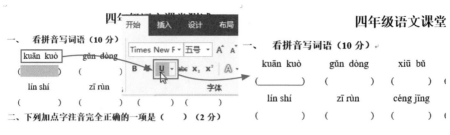

图2-46

下划线的添加方法还有很多，例如第1章中介绍的用制表位来添加下划线，还有用表格功能来设置下划线等。不同要求有不同的处理方法，用户可以根据实际情况来选择最佳的方法。

2.4.3 设置段落行距

如图2-47所示的是段落行距为单倍行距，而图2-48所示的是1.3倍行距效果。两种效果相比较，显然后者效果略胜前者。

图2-47

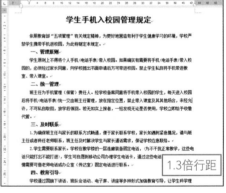

图2-48

当行距值为1倍时，整篇文档会显得很拥挤，阅读起来有些费劲。特别对于长篇文档来说，1倍的行距不适合阅读，而让人舒服的行距值为1.2~1.5倍。

用户可以利用"段落"对话框来设置行距值。先选择好正文内容，单击"段落"选项组右侧小箭头按钮，可打开"段落"对话框，单击"行距"下拉按钮，在其列表中直接选择"1.5倍行距"，或者选择"多倍行距"选项，然后在"设置值"方框中输入"1.3"，单击"确定"按钮即可，如图2-49所示。

在实际工作中经常会遇到段落行距明明为单倍行距，可显示出的行距效果却很大的情况，如图2-50所示。针对这样的问题，解决的方法有两种：一是更换文档字体，当字体为"微

图2-49

软雅黑"时，就会出现这样的效果；二是利用"段落"对话框来调整，在不更换字体的情况下，可在"段落"对话框，取消勾选"如果定义了文档网格，则对齐到网格"复选框即可，如图2-51所示。

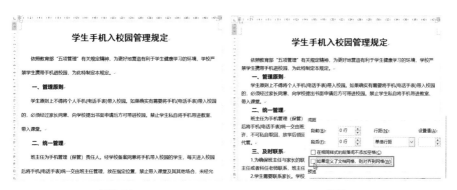

图2-50　　　　　　　　　　　　　　　图2-51

2.4.4　中文版式的应用

"中文版式"功能主要是针对文字进行排版操作。在"段落"选项组中单击"中文版式"下拉按钮，在列表中可根据需求选择相应的设置功能，如图2-52所示。

图2-52

（1）纵横混排

该功能可将一行文字进行横向和纵向两种方式排列。例如，想要将图2-53所示的"100"进行横向排列，可先选中该文字，然后选择"纵横混排"选项，在打开的对话框中，不做任何设置，单击"确定"按钮即可，效果如图2-54所示。

图2-53　　　　　　　　　图2-54

（2）合并字符

合并字符是将选定的多个文字进行合并，合并后的大小仅占据一个字符位置。该功能常用于名片制作、书籍出版和封面设计等方面。

选择所需字符，在"中文版式"列表中选择"合并字符"选项，同样在打开的对话框中，直接单击"确定"按钮即可，如图2-55所示。

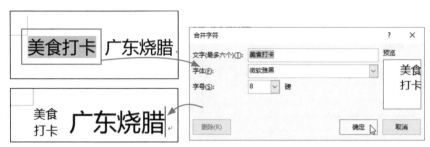

图2-55

 合并字符一次最多只能合并6个字符，多选的字符将从文档中删除。

（3）双行合一

"双行合一"功能常用于制作一些红头文件。该功能可将两行文字合并成一行，如图2-56所示。

图2-56

选择所需文字，并在列表中选择"双行合一"选项，在打开的对话框中根据需要调整好合并后的文字位置（可手动添加空格处理），确认无误后，单击"确定"按钮即可。用户可适当调大合并文本的字号，如图2-57所示。

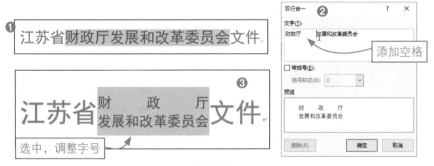

图2-57

（4）调整宽度

利用"调整宽度"功能可以快速对齐各类字符。在工作中经常会遇到如图2-58所示的情况，如果使用空格键来对齐上、下行文字，有些费事，而利用调整宽度功能就能够轻松做到。

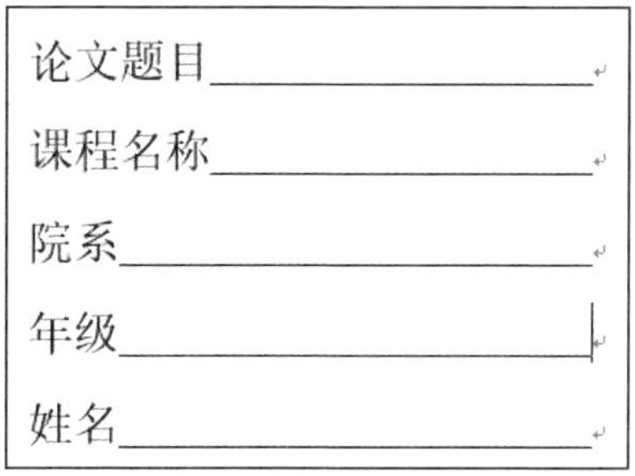

选中"院系"文字，选择"调整字符"选项，在打开的对话框中，将"新文字宽度"设为"4字符"，单击"确定"按钮即可对齐上一行文字，如图2-59所示。按照同样的操作，调整其他字符宽度。

图2-58

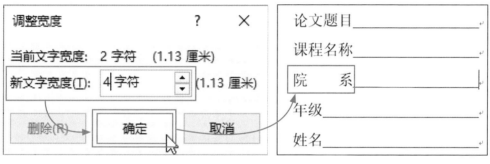

图2-59

这里需说明一下，对话框中的"新文字宽度"数值是根据要对齐的字符数来设置的。本案例中要对齐的字符数为4个字符（同"课题名称"），那么就输入4，如果对齐的字符数为6，那么就输入6。

（5）字符缩放

"字符缩放"功能主要是调整字符显示的大小。选择所需文字，在列表中选择"字符缩放"选项，在打开的级联菜单中根据需求选择缩放的大小即可，如图2-60所示的是常规字体大小，而图2-61所示的是缩放80%后的效果。如果没有特殊的要求，一般不会用到该功能。

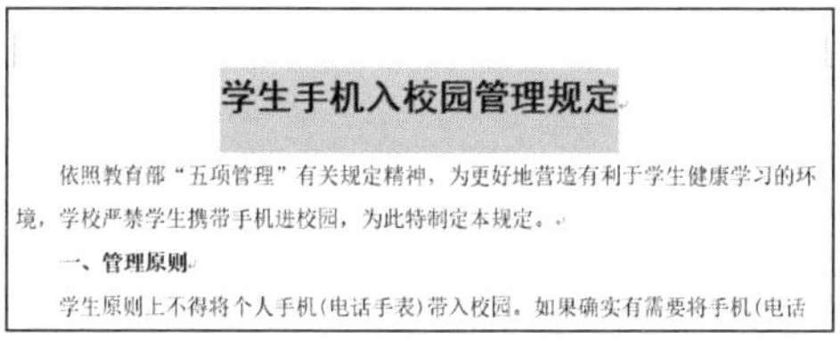

图2-60

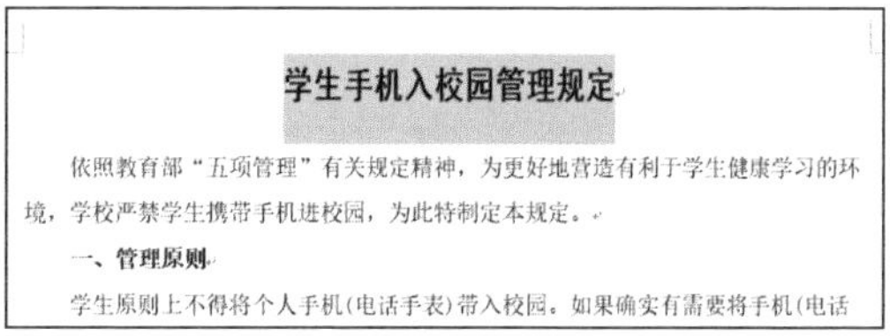

图2-61

2.4.5 制表符的应用

制表符是指在水平标尺上的位置，使用它可以将文本快速移动到指定位置，方便用户对文档进行排版。

Word提供了5种制表符，分别是左对齐 ∟、居中对齐 ⊥、右对齐 ⅃、小数点对齐 ⊥、竖线对齐 Ⅰ。用户可在垂直标尺的起始位置中切换使用这些制表符。默认是以"左对齐制表符 ∟"显示，如图2-62所示。单击一次即可切换到"居中对齐制表符 ⊥"，连续单击，直到显示所需的符号为止。

图2-62

在第1章中已介绍了如何利用制表符来添加下划线的操作，接下来将介绍如何利用制表符对齐文本内容。

在制作合同落款内容时，想要既快又好地对齐内容，就可以使用制表符来操作。选中所需文本内容。双击标尺上的"22"位置处，打开"制表符"对话框，选择刚添加的位置，在"引导符"列表中单击"4___(4)"单选按钮，设置引导符样式，单击"确定"按钮，如图2-63所示。

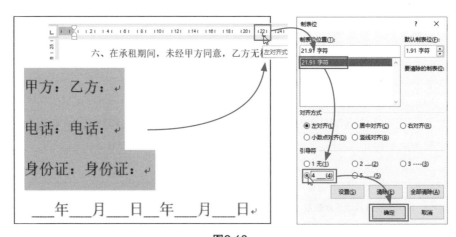

图2-63

双击标尺上"42"位置处，在打开的"制表符"对话框中，选择添加的位置，将"对齐方式"设为"右对齐"，同样将"引导符"设为"4___(4)"，单击"确定"按钮，完成该制表符的设置操作，如图2-64所示。

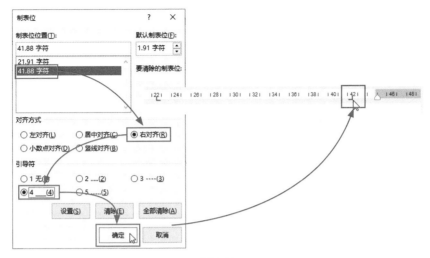

图2-64

对话框中的"对齐方式"与制表符——对应，都是指所应用的文本的对齐方式。当选择"左对齐"时，文本则以制表符为基准进行左对齐；选择"居中对齐"时，文本以制表符为基准居中对齐；其他对齐方式以此类推。

　　将光标放置"甲方："后，按【Tab】键，此时光标之后的文本内容将自动定位至标尺"22"位置处，同时也添加了下划线。然后将光标定位至"乙方："后，再按【Tab】键，即可快速定位至标尺"42"位置处，并完成下划线的添加操作，如图2-65所示。

途，由于乙方人为原因造成该房屋及其配套设施损坏的，由乙方承担赔偿责任。

　　七、甲方保证该房屋无产权纠纷；乙方因经营需要，要求甲方提供房屋产权证明或其它有关证明材料的，甲方应予以协助。

　　八、就本合同发生纠纷，双方协商解决，协商不成，任何一方均有权向天津开发区人民法院提起诉讼，请求司法解决。

　　九、本合同连一式　　份，各执　　份，自双方签字

甲方：　　　　　　　　　　乙方：

电话：电话：

身份证：身份证：

　　年　　月　　日　年　　月　　日

　　　按【Tab】键

　　　按【Tab】键

图2-65

接下来按【Tab】键，将第2行、第3行的文本以第1行文本为对齐基准进行快速对齐，结果如图2-66所示。

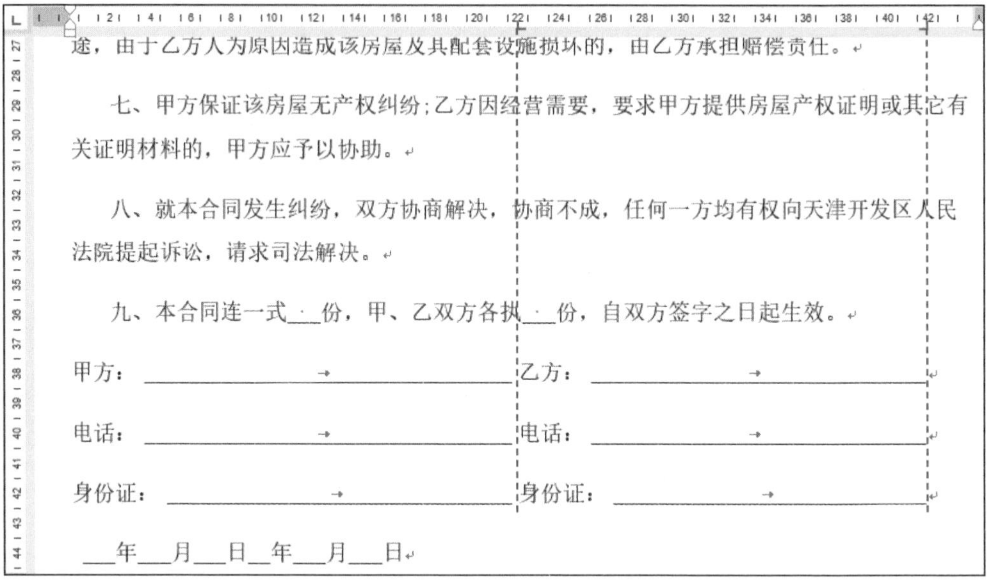

图2-66

由于"年、月、日"内容不需要引导线，所以需单独设置制表符。选择"年、月、日"内容，单击标尺"22"位置处，然后按【Tab】键，即可将该内容进行对齐操作，如图2-67所示。

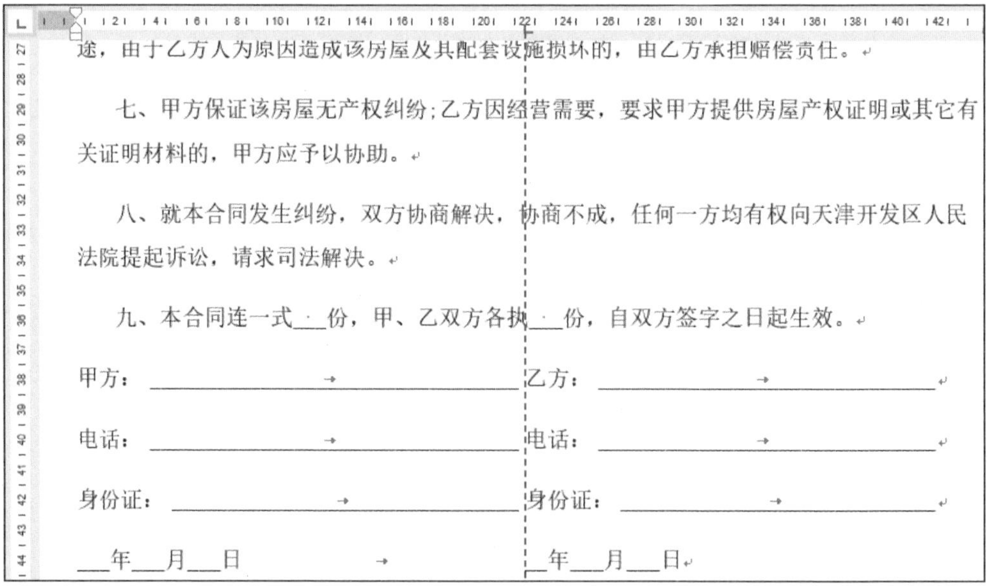

图2-67

拓展练习：制作授权委托书文档

委托书主要是用于委托他人代表自己行使合法权益的,具有法律效力的文件。该文件在日常生活、工作中经常能见到。下面将结合本章知识点来制作一份法人授权委托书,以巩固本章所学。

Step 01 新建文档,在"布局"选项卡的"页面设置"选项组中单击右侧小箭头按钮,打开"页面设置"对话框,将"页边距"均设为2,其他保持默认,如图2-68所示。

Step 02 按【Ctrl+E】快捷键将光标居中显示,并输入委托书标题,设置好标题的字体和字号,如图2-69所示。

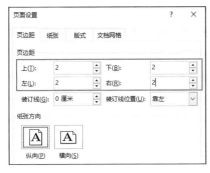

图2-68

图2-69

Step 03 另起一行,按【Ctrl+L】快捷键将光标左对齐,并单击标尺中的"首行缩进"滑块,将文本首行缩进两个字符。然后输入委托书正文内容,并设置好正文的字体与字号,如图2-70所示。

Step 04 在正文中选择所需内容,单击"下划线"按钮,为其添加下划线。然后对部分内容进行加粗显示,如图2-71所示。

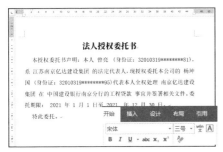

图2-70

图2-71

Step 05 另起一行,顶格输入落款内容,如图2-72所示。

Step 06 调整段落格式。选中标题内容，打开"段落"对话框，将"段前"和"段后"值均设为2行，其他为默认，如图2-73所示。

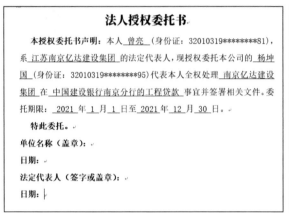

图2-72   图2-73

Step 07 将光标定位至"单位名称"前，打开"段落"对话框，将"段前"值设为3行，同时，将光标定位至"法定代表人"前，将其"段前"值设为2行，如图2-74所示。

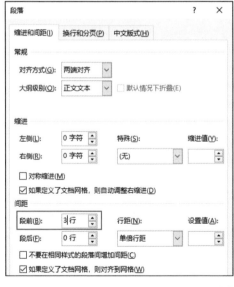

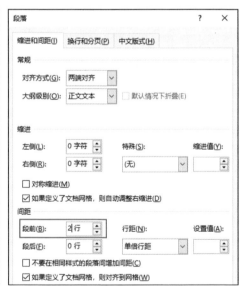

图2-74

Step 08 选择落款内容，在标尺中双击"30"位置处，打开"制表符"对话框，将"对齐方式"设为"右对齐"，其他为默认，单击"确定"按钮，如图2-75所示。

Step 09 此时，在标尺指定位置会显示右对齐制表符，将光标定位至"单位名称"前，按【Tab】键，该文本将会快速移动至添加的制表符处，如图2-76所示。

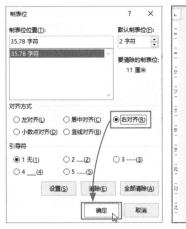

图2-75

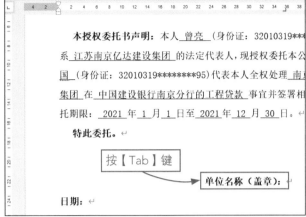

图2-76

Step 10 按照同样的操作,将其他落款内容以制表符为基准进行对齐操作。

至此,法人授权委托书文件制作完成,结果如图2-77所示。

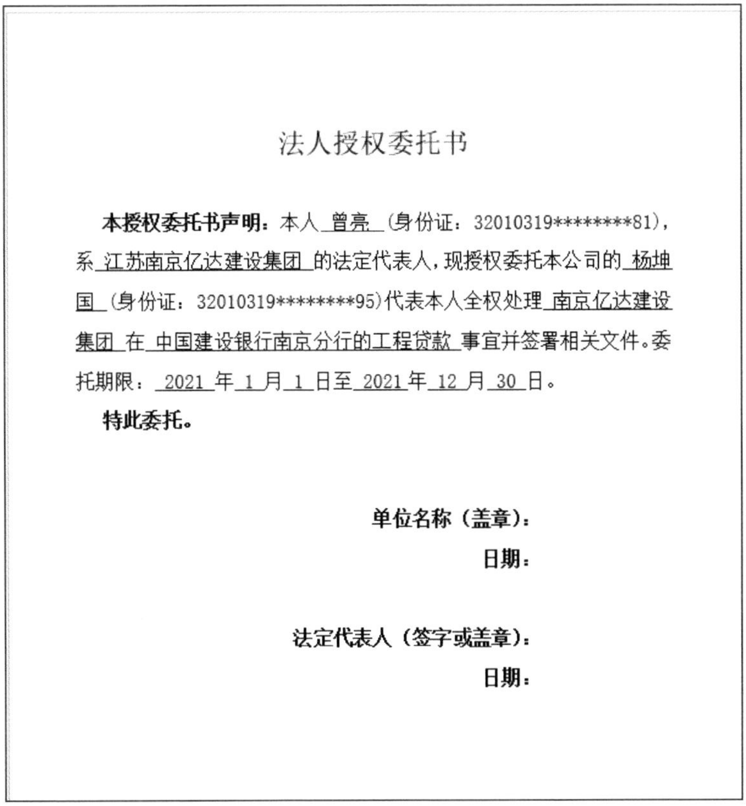

法人授权委托书

　　本授权委托书声明:本人 曾亮 (身份证:32010319********81),
系 江苏南京亿达建设集团 的法定代表人,现授权委托本公司的 杨坤
国 (身份证:32010319********95)代表本人全权处理 南京亿达建设
集团 在 中国建设银行南京分行的工程贷款 事宜并签署相关文件。委
托期限: 2021 年 1 月 1 日至 2021 年 12 月 30 日。

　　特此委托。

　　　　　　　　　　　　　　　　单位名称 (盖章):

　　　　　　　　　　　　　　　　日期:

　　　　　　　　　　　　　　　　法定代表人 (签字或盖章):

　　　　　　　　　　　　　　　　日期:

图2-77

知识地图

本章介绍了一些Word的基本操作，包括文本的选择与输入、文本格式的设置等。下面对本章重点知识进行系统的梳理，希望能够加深读者的印象，提高学习效率。

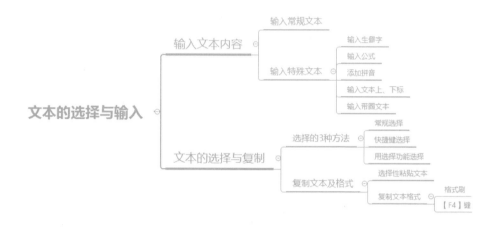

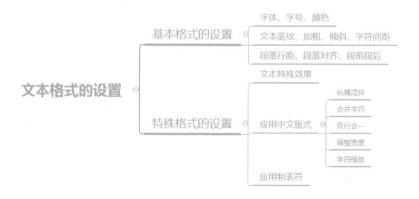

学习笔记

第3章

文档样式使排版变简单

在Word中样式功能比较重要，使用样式功能可以快速地对文档进行排版。只需设置一次，就能反复使用，一劳永逸。本章将向读者详细地介绍样式功能的应用，让读者了解样式，并学会应用样式。

3.1 了解样式

样式是一组字符和段落格式的组合, 在对文档进行排版时, 灵活地使用样式功能可避免对内容进行重复的格式化操作。样式是文档自动化排版的基础, 在Word中占据着重要地位。

样式的类型有多种, 有段落、字符、表格、列表等, 其中较为常用的为段落样式、字符样式以及表格样式。

（1）段落样式

该样式用于设置整个段落的格式, 包括行间距、段落间距、对齐方式、边框和其他与段落外观有关的格式内容, 如图3-1所示。

（2）字符样式

该样式用于设置字符的外观格式, 包括字体、字号、字形、字间距、下划线、阴影等格式, 如图3-2所示。

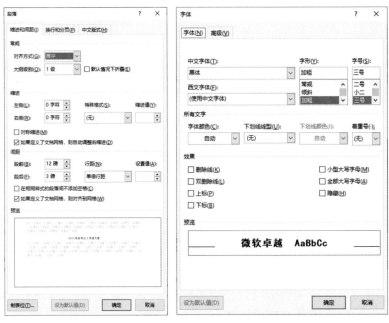

图3-1   图3-2

（3）表格样式

该样式用于设置表格的外观格式, 包括边框、文字格式、文字对齐方式、底纹等格式。

为文档设置样式后, 文档的大纲就自动形成了。用户只需打开"导航"窗格即可查看该文档结构, 如图3-3所示。这也为提取文档目录奠定了基础, 如图3-4所示。

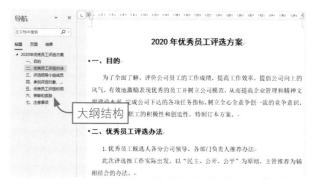

图3-3

图3-4

3.2 样式设置的基本方法

样式的设置方法有两种：一种是套用内置的文档样式；另一种则是自定义样式。下面将分别对这两种方法进行介绍。

3.2.1 添加并修改内置样式

Word中内置多种文档样式，在"开始"选项卡的"样式"选项组中就可以看到这些样式，如图3-5所示。

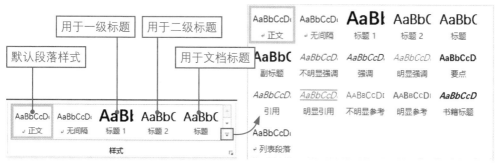

图3-5

在这些默认的样式中,常用的样式是"标题1""标题2"和"标题"这3种。

经验之谈

很多人不清楚一级、二级、三级标题的概念。很简单,如图3-6所示的大纲结构,其中"第1章 xxx"为一级标题;"1.1、1.2、1.3"则为二级标题;"1.1.1、1.1.2、1.1.3"等则为三级标题。

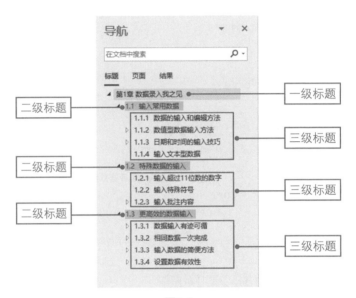

图3-6

如果要为文档设置样式,可先选择所需内容,在"样式"列表中根据要求,选择标题样式即可,如图3-7所示。

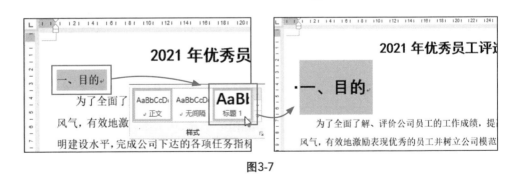

图3-7

设置后,在样式文档前会显示"■",同时在导航窗格即可显示出该标题内容,如图3-8所示。

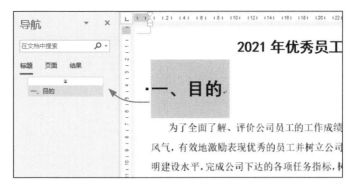

图3-8

按照同样的方法，选择其他同一级别的标题内容，为其设置该样式，如图3-9所示。

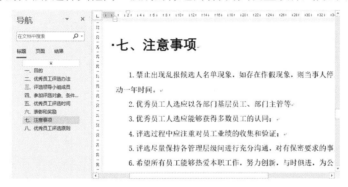

图3-9

所有标题样式设置好后，如果觉得字体格式、段落间距不合适的话，可以在此基础上进行批量修改。在"样式"列表中右击套用的标题样式，在其快捷菜单中选择"修改"选项，打开"修改样式"对话框，在"格式"选项组中可以对当前样式的字体格式进行调整，如图3-10所示。

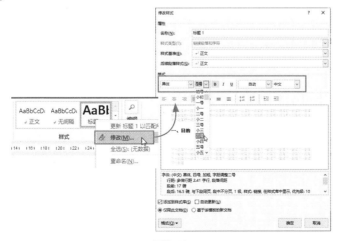

图3-10

在该对话框中单击"格式"下拉按钮,在打开的列表中选择"段落"选项,可打开"段落"对话框,在此可对该段落格式进行调整,例如调整"段前"和"段后"值、"行距"值等,如图3-11所示。

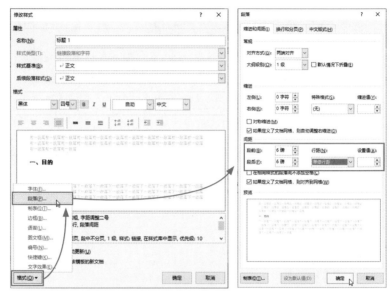

图3-11

调整后,单击"确定"按钮,返回到"修改样式"对话框,在预览窗口中可查看到调整的效果以及详细的格式信息,确认无误后,单击"确定"按钮,关闭对话框,完成样式的修改操作,如图3-12所示。再次右击调整好的标题样式,选择"更新 标题1以匹配所选内容"选项。此时,文档中所应用该样式的标题均会得到更新,如图3-13所示。

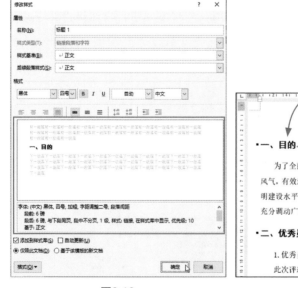

图3-12   图3-13

3.2.2　新建文档样式

　　当内置的样式不能满足制作需求时，就需要自己新建样式了。在"样式"列表中选择"创建样式"选项，打开"根据格式化创建新样式"对话框，为新样式进行命名，单击"修改"按钮，在打开同名对话框中，用户可以根据要求来对文字、段落等格式进行设置，如图3-14所示。

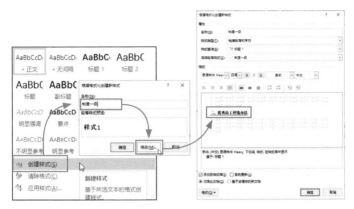

图3-14

　　设置好后，单击"确定"按钮，关闭对话框，此时在"样式"列表中即会显示出新建的样式名，单击该样式名即可应用至文档中，如图3-15所示。

图3-15

经验之谈

　　在"根据格式化创建新样式"对话框中，对于"属性"选项组的一些选项，在设置时，用户可以将其保持为默认就好。但需要注意一点，在对样式进行命名时，一定要规范，不要使用默认名称，否则将给后期查找带来麻烦。一般来说，用"文档名称+正文或标题"等内容来进行命名即可。

以上介绍的方法是先创建样式,再设置格式。此外,用户还可以反过来操作。先设置好标题或正文格式,然后再创建样式,效果是相同的。

选中设置好格式的文本,在"样式"列表中选择"新建样式"选项,在打开的对话框中对样式进行命名操作即可。

3.3 样式的管理

无论是新建的样式,还是内置的样式,都会统一放置在"样式"列表中。合理地管理这些样式,工作的效率将会得到大大提升。

3.3.1 快速调出隐藏的样式

在"样式"列表中只会显示一些常用的样式,例如"标题1""标题2""标题"等,而一些不常用的样式将会隐藏起来。那么在操作过程中,想要使用这些隐藏的样式,用户就可以通过"管理样式"功能,将其调出使用。

例如,想要添加"标题3"样式,则先单击"样式"选项组右侧小箭头按钮 ⬚,打开"样式"窗格。单击窗格下方"管理样式"按钮,在打开的"管理样式"对话框中,切换到"推荐"选项卡,然后选择"标题3"样式,单击"指定值"按钮,在打开的对话框中将其级别设为1级,单击"确定"按钮,然后再单击"显示"和"确定"按钮,如图3-16所示。此时"标题3"样式就会显示在"样式"列表中,并可应用于当前文档,如图3-17所示。

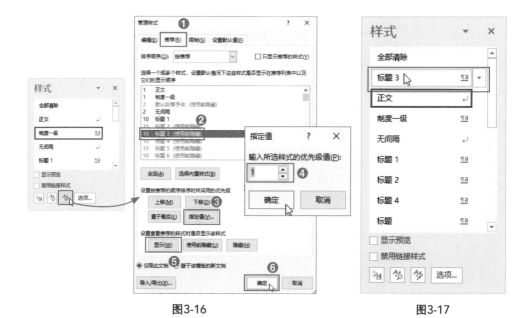

图3-16 图3-17

经验之谈

　　一般来说在窗格中显示的样式都会在"样式"列表中。如果遇到调出的样式在"样式"列表中不显示的情况,那么只需在窗格中单击样式名右侧下拉按钮,然后在其列表中选择"添加到样式库"选项即可,如图3-18所示。此外,当需要删除该样式的话,那么只需在其列表中选择"从样式库中删除"选项即可,如图3-19所示。

图3-18　　　　　　　　　　　　　　　　　图3-19

　　这里需要说明一下,所谓的"从样式库中删除"是指将当前样式进行隐藏,而并非真正删除。

3.3.2　自定义样式快捷键

　　有时一篇文档中会使用多种样式,例如标题样式、正文样式、表格样式等。为了提高操作效率,高手们往往会为这些样式分别设置相应的快捷键。在使用时,直接按快捷键即可。

　　在样式列表中右击所需的样式名,在快捷列表中选择"修改"选项,打开"修改样式"对话框,单击"格式"按钮,在其列表中选择"快捷键"选项,如图3-20所示。在"自定义键盘"对话框的"请按新快捷键"方框中按一下键盘上的快捷键,单击"指定"和"关闭"按钮即可,如图3-21所示。

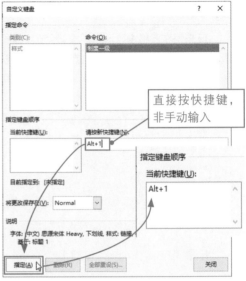

图3-20 图3-21

当设置的快捷键与系统快捷键重复时,会在"目前指定到"选项中显示当前快捷键的指定含义,如图3-22所示。如果显示"未指定"信息,那么说明该快捷键可以使用。

 注意事项 为样式设置快捷键后,最好能在命名该样式时,加入快捷键内容作为提醒,以免快捷键设置得太多,导致操作时无法记住。

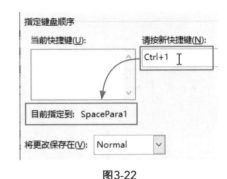

图3-22

3.3.3 共享文档样式

样式设置后,默认情况下只能用于当前文档,当打开其他文档时,之前设置的样式将不存在。如果要将设置的样式应用于其他文档,那么就需对样式进行复制操作。

▶扫一扫 看视频

打开"管理样式"对话框,单击"导入/导出"按钮,打开"管理器"对话框。单击右侧"在Normal.dotm中"列表下的"关闭文件"按钮,清除原内容,然后在此单击"打开文件"按钮,如图3-23所示。

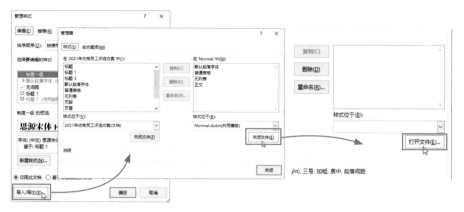

图3-23

在打开的对话框中,将"文件类型"设为"所有文件"选项,并选择目标文件,单击"打开"按钮,如图3-24所示。返回到"管理器"对话框,在左侧列表中选择要复制的样式名,单击"复制"按钮即可将该样式添加到右侧列表中,如图3-25所示。

图3-24

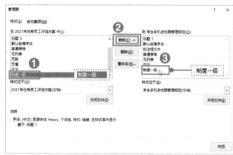

图3-25

设置好后,单击"关闭"按钮,此时在新文档的样式列表中即会显示复制的样式名,如图3-26所示。

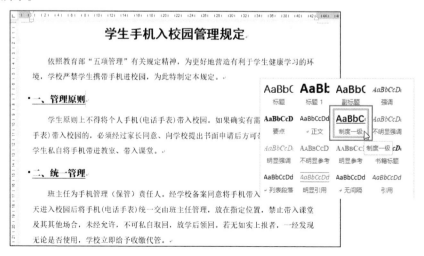

图3-26

3.4 文档编号与多级列表

编号和多级列表的应用使文档变得有条理和逻辑，从而方便识别文档条目所在的位置。在排版长文档时，运用编号和多级列表功能可以帮助用户节省大量的操作时间。

3.4.1 应用自动编号

当输入"一、"或"1."按空格键，此时，系统会将其视为编号内容，并自动开启编号功能。输入内容后，按回车键，会自动插入下一个编号"二、"或"2."，如图3-27所示。

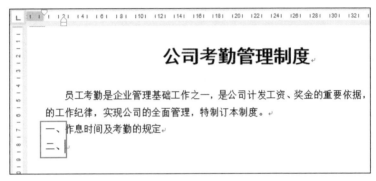

图3-27

以上操作是在输入内容时自动添加编号。如果要对已有的内容添加编号，可先选择所需文本内容，在"段落"选项组中单击"编号"按钮，在其列表中选择一款编号样式即可，如图3-28所示。

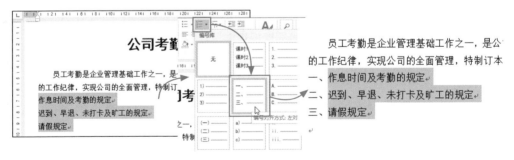

图3-28

将光标定位至编号"一、"内容后，按回车键，系统会自动在其下方添加编号"二、"，其他标题编号会自动顺延，如图3-29所示。当要删除其中一个编号内容，其他的编号也会自动进行更新操作，如图3-30所示。这就是运用编号功能带来的方便之处。

员工考勤是企业管理基础工作之一，是公司
的工作纪律，实现公司的全面管理，特制订本制
一、作息时间及考勤的规定
二、
三、迟到、早退、未打卡及旷工的规定
四、请假规定

图3-29

员工考勤是企业管理基础工作之一，
的工作纪律，实现公司的全面管理，特制
一、作息时间及考勤的规定

二、请假规定

图3-30

3.4.2 在指定位置重新编号

一般情况下，系统会按照编号顺序顺延下来。但有时会需要在某
个编号内容后断开，并进行重新编号，此时只需设置一下"起始编号"
值即可。

▶扫一扫 看视频◀

举个例子，在如图3-31所示的文档中，从编号"4."内容开始进行重新编号，可将光标放置编号"4."内容末尾处，在"编号"列表中选择"设置编号值"选项，打开"起始编号"对话框，将"值设置为"设为"1"，单击"确定"按钮，此时，从编号"4"开始将重新以"1"进行编号，如图3-32所示。

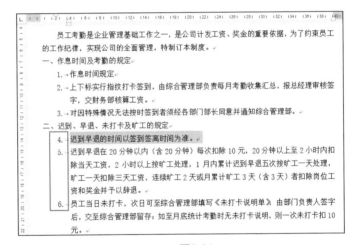

员工考勤是企业管理基础工作之一，是公司计发工资、奖金的重要依据，为了约束员工的工作纪律，实现公司的全面管理，特制订本制度。
一、作息时间及考勤的规定
　1．作息时间规定
　2．上下标实行指纹打卡签到，由综合管理部负责每月考勤收集汇总，报总经理审核签字，交财务部核算工资。
　3．对因特殊情况无法按时签到者须经各部门部长同意并通知综合管理部。
二、迟到、早退、未打卡及旷工的规定
　4．迟到早退的时间以签到签离时间为准。
　5．迟到早退在20分钟以内（含20分钟）每次扣除10元，20分钟以上至2小时内扣除当天工资，2小时以上按旷工处理，1月内累计迟到早退五次按旷工一天处理，旷工一天扣除三天工资，连续旷工2天或月累计旷工3天（含3天）者扣除岗位工资和奖金并予以辞退。
　6．员工当日未打卡，次日可至综合管理部填写《未打卡说明单》由部门负责人签字后，交至综合管理部留存；如至月底统计考勤时无未打卡说明，则一次未打卡扣10元。

图3-31

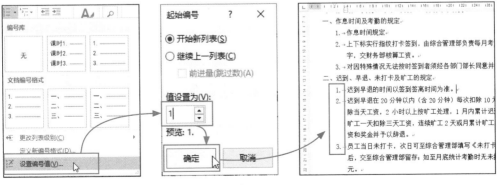

图3-32

编号的样式是可以根据需求进行设定的。在"编号"列表中选择"定义新编号格式"选项,打开同名对话框,在"编号格式"方框中输入指定的格式,并在"编号样式"列表中选择好样式即可,如图3-33所示。

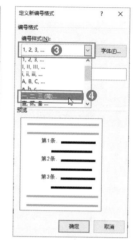

图3-33

3.4.3　调整编号与文本的间距

▶扫一扫　看视频◀

添加编号后,有时会发现编号与文本之间的距离很大,如图3-34所示。这时,用户可利用标尺中的"悬挂"滑块,左右适当拖动,直到显示合适的距离即可,如图3-35所示。

此外,用户还可以通过调整缩进值来设置。右击要调整的内容,在快捷菜单中选择"调整列表缩进"选项,在打开的对话框中可对"文本缩进"值进行调整,也可以对"编号之后"选项进行设置,这两个选项二选一即可,如图3-36所示。

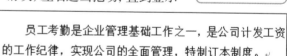

员工考勤是企业管理基础工作之一,是公司计发工资的工作纪律,实现公司的全面管理,特制订本制度。

一、　　作息时间及考勤的规定

1. 作息时间规定
2. 上下标实行指纹打卡签到,由综合管理部负责每字,交财务部核算工资。
3. 对因特殊情况无法按时签到者须经各部门部长同

二、　　迟到、早退、未打卡及旷工的规定

1. 迟到早退的时间以签到签离时间为准。
2. 迟到早退在 20 分钟以内(含 20 分钟)每次扣除

图3-34

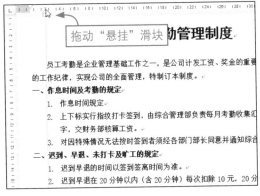

图3-35

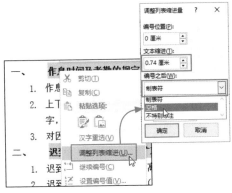

图3-36

3.4.4 多级列表的简单应用

以上介绍的是添加同一级编号的方法,而在实际工作中经常会遇到一些结构层次比较多的文档。它不仅有1级编号,还会有2级、3级甚至4级编号,如图3-37所示。像这种多级编号,用户就需要使用多级列表功能了。

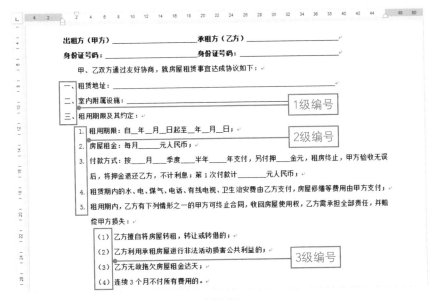

图3-37

（1）添加多级列表

先选中所有标题内容,在"段落"选项组中单击"多级列表"按钮,在打开的列表中选择内置的列表样式,即可应用至所选标题中,如图3-38所示。

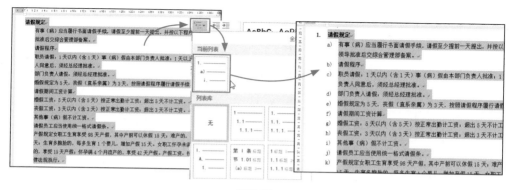

图3-38

选择好后，发现添加的编号中只有1级和2级编号，而没有3级编号。这是因为系统在识别标题级别时，是按照标题缩进值来判断的。本案例中系统将"请假规定"识别为1级标题，而其余内容识别为2级标题，所以只会显示两个级别的编号。

接下来，在此基础上选择要添加3级编号的标题，再次单击"多级列表"下拉按钮，选择"更改列表级别"选项，在打开的级联菜单中选择3级编号样式即可，如图3-39所示。

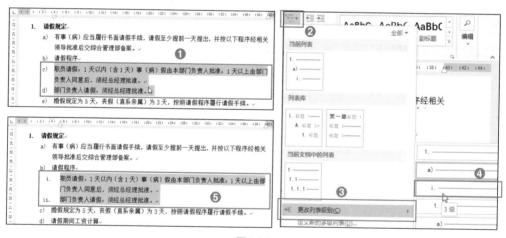

图3-39

（2）自定义多级列表

除了使用内置的多级列表，用户则可根据需要进行自定义设置。下面将为以上案例创建新的多级列表。

单击"多级列表"下拉按钮，选择"定义新的多级列表"选项，打开"定义新多级列表"对话框，如图3-40所示。

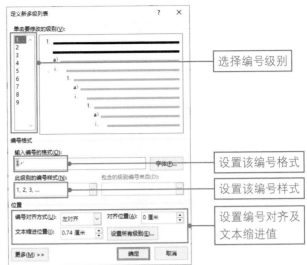

图3-40

首先，在该对话框中选择"1"级编号，将"此级别的编号样式"设为"一，二，三（简）"
选项，在"输入编号的格式"方框中输入"、(顿号)"，其他保持默认，如图3-41所示。

接下来，选择"2"级编号，将"此级别的编号样式"设为"1，2，3……"选项，在"输入
编号的格式"方框中输入"."，其他保持默认，如图3-42所示。

最后，选择"3"级编号，在"输入编号的格式"方框中输入"（ ）"，将"编号对齐方式"
设为"居中"，其他为默认，如图3-43所示。

图3-41

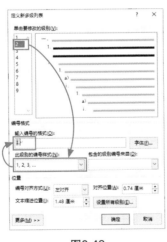

图3-42

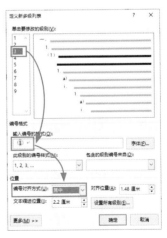

图3-43

设置完成后，该多级列表将会自动应用至当前文档中，如图3-44所示。为了统一全文编
号，将"一、"编号值设为"三、"即可。

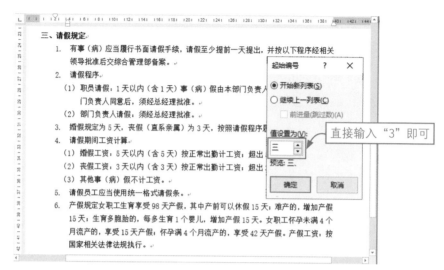

图3-44

3.4.5　将编号链接至标题样式中

默认情况下，为带编号的文本添加样式后，其编号会消失，如图3-45所示。遇到这种情况，常规的做法是手动添加相应的编号。而此时的编号将不具备"自动编号"功能了，一旦编号有改动，只能手动逐个更改其他编号。

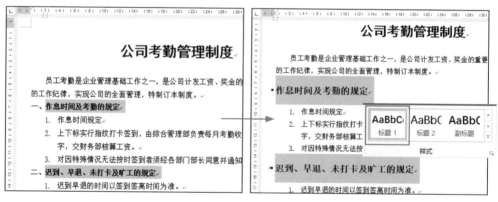

图3-45

其实，要想解决以上问题，可将编号链接到样式即可。在"多级列表"中选择"定义新的多级列表"选项，在打开的对话框中选择要修改的级别，这里选择"1"级，然后单击"更多"按钮，打开更多扩展选项，将"级别链接到样式"设为"标题1"样式，其他为默认值，单击"确定"按钮即可，如图3-46所示。此时，样式中的"标题1"将自动添加一级编号，并将其应用于当前文档中，如图3-47所示。

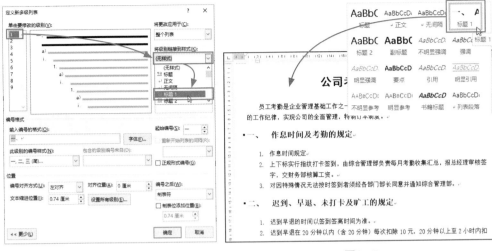

图3-46　　　　　　　　　　　　　　　　图3-47

3.4.6　应用项目符号

项目符号是一种并列的标志,表示在某项下有若干条目,起到了一定的提示作用。项目符号与编号一起使用,会使文档看上去更有条理性。

选择要添加项目符号的内容,在"段落"选项组中单击"项目符号"下拉按钮,从中选择合适的符号样式即可,如图3-48所示。

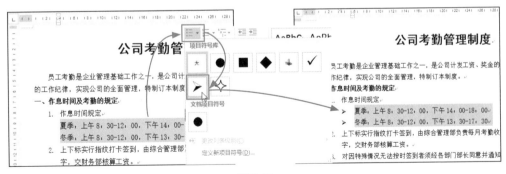

图3-48

项目符号列表中没有合适的符号样式,用户可对其自定义设置。在列表中选择"定义新项目符号"选项,在打开的同名对话框中单击"符号"按钮,打开"符号"对话框,在此可以选择符号的类型,如图3-49所示。

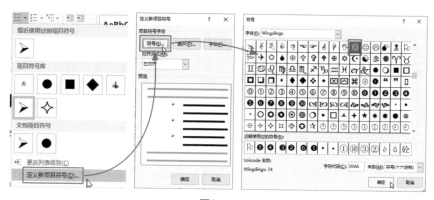

图3-49

设置好后，返回上一层对话框，调整好符号的对齐方式，单击"确定"按钮即可，如图3-50所示。

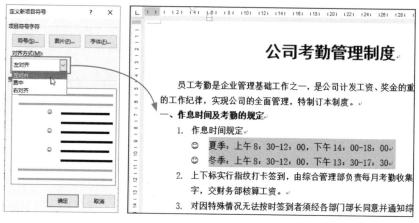

图3-50

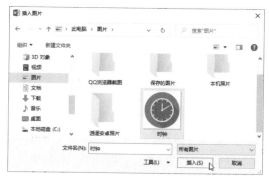

经验之谈

用户也可以使用图片或图标来作为项目符号。在"定义新项目符号"对话框中单击"图片"按钮，在打开的对话框中，选择要添加的图片或图标，单击"插入"按钮即可，如图3-51所示。

图3-51

3.5 模板的应用

模板是集合各类样式、页面布局、示例文本等元素的文档,通过模板可以快速生成统一样式的多个文档,减少用户重复排版的时间,提高工作效率。

3.5.1 了解 Normal 模板

Normal模板是Word默认模板,是所有新建文档的基准。用户只要在该模板上进行操作并保存,就会影响到所有Word文档。

Normal模板有循环再生的功能,如果该模板被损坏或被移走,那么在下次启动Word后会自动创建新的版本,恢复原始设置。正因为这项功能,当用户遇到Word文档被损坏,无法正常打开时,最简单的解决方法是,找到它并删除即可。下面就来介绍一下如何快速查找Normal模板。

在"文件"列表中选择"选项",打开"Word选项"对话框,选择"信任中心"选项,并单击"信任中心设置"按钮,如图3-52所示。在"信任中心"对话框中选择"受信任位置"选项,并在右侧"用户位置"列表中选择"用户模板"选项,单击"修改"按钮。在打开的对话框中复制显示的路径,如图3-53所示。

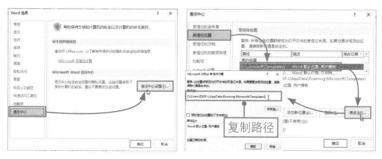

图3-52　　　　　　　　　　　图3-53

按【Windows+R】快捷键,打开"运行"对话框,将复制的路径粘贴于此,单击"确定"按钮,即可打开含有Normal模板的文件夹,删除损坏的模板即可,如图3-54所示。

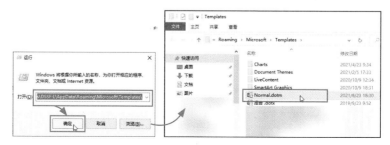

图3-54

3.5.2 创建并保存模板

如果一份文档的样式、布局、版式、内容结构等都比较满意的话，可以将该文档保存成模板，方便以后直接调用。按【F12】键可打开"另存为"对话框，将"保存类型"设为"Word模板（*.dotx）"选项，单击"保存"按钮即可，如图3-55所示。

> **经验之谈**
>
> Word软件内置了多种类型的模板，例如海报、字帖、简历、求职信等，如图3-56所示的是企业画册模板。用户可以直接利用这些模板来操作，省时省力，做出来的效果也很不错。

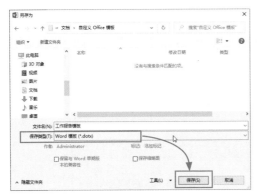

图3-55

图3-56

当下次调用该模板时，只需要在Word"新建"界面中单击"个人"链接项，选择该模板即可，如图3-57所示。

图3-57

拓展练习：精调股份合作协议书样式

　　协议书是具有法律效力的文件，其条理要清晰，内容要严谨。本案例的协议书中，各级编号较为混乱，可读性差。下面将结合本章的知识点来对该协议书的各级编号样式进行调整，从而方便日后对协议内容的修改操作，如图3-58、图3-59所示的是原始与最终效果。

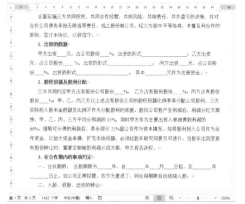

图3-58

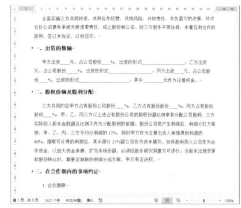

图3-59

Step 01　　打开原始协议书文档，在"样式"列表中右击"标题1"样式，在快捷菜单中选择"修改"选项，打开"修改样式"对话框，根据要对该样式的文字格式、段落格式进行设置，如图3-60所示。

Step 02　　在"段落"选项组中单击"多级列表"下拉按钮，选择"定义新的多级列表"选项，在打开的对话框中，对一级编号样式进行设置，如图3-61所示。

Step 03　　选择"2"级编号，并设置好其编号格式和样式，如图3-62所示。

图3-60

图3-61

图3-62

Step 04 选择"3"级编号,设置好其编号格式、样式以及对齐方式,如图3-63所示。单击"确定"按钮,关闭对话框。

Step 05 选择正文中"1.出资的数额"小标题,在"编辑"选项组中单击"选择"下拉按钮,选择"选择格式相似的文本"选项,批量选中其他小标题,选择刚才自定义的多级列表,将其应用至小标题中,如图3-64所示。

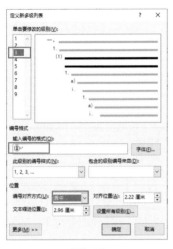

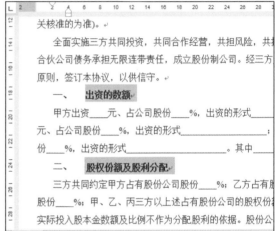

图3-63   图3-64

Step 06 拖动标尺中的"悬挂"滑块,调整编号与文本间的距离,同时拖动"首行缩进"滑块,将其标题顶格显示。删除标题中原始"1."编号,如图3-65所示。

Step 07 选择原始编号"一、合伙期限"以及"二、入股、退股、出资的转让"内容,对其应用设置的多级列表,并将其级别设为2级,如图3-66所示。

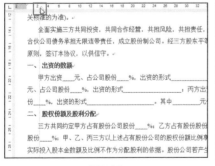

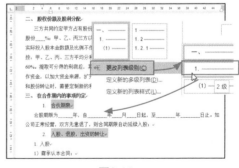

图3-65   图3-66

Step 08 使用标尺调整编号与文本的间距,使用格式刷功能,将2级编号样式应用于其他2级小标题上,如图3-67所示。

Step 09 单击"编号"下拉按钮,选择"设置编号值"选项,打开相应的对话框,将起始编号设为"1"即可,如图3-68所示。

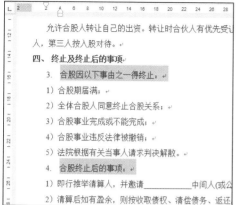

图3-67

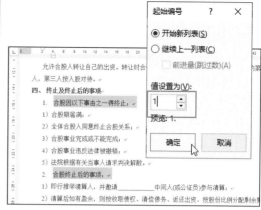

图3-68

Step 10 按照同样的操作，设置3级编号标题内容，并删除其他多余的编号内容，结果如图3-69所示。

Step 11 选择其他所需内容，单击"项目符号"下拉按钮，从列表中选择一款符号，为其添加项目符号，并调整该文本的缩进值，如图3-70所示。

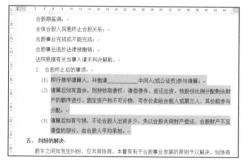

图3-69

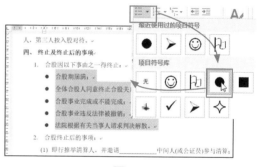

图3-70

Step 12 选中所有1级标题，打开"定义新的多级列表"对话框，将1级编号链接到"标题1"样式。

Step 13 系统会将被选内容自动应用"标题1"样式。再次调整所有1级标题的缩进值以及首行缩进，完成协议文档样式的调整操作，如图3-71所示。

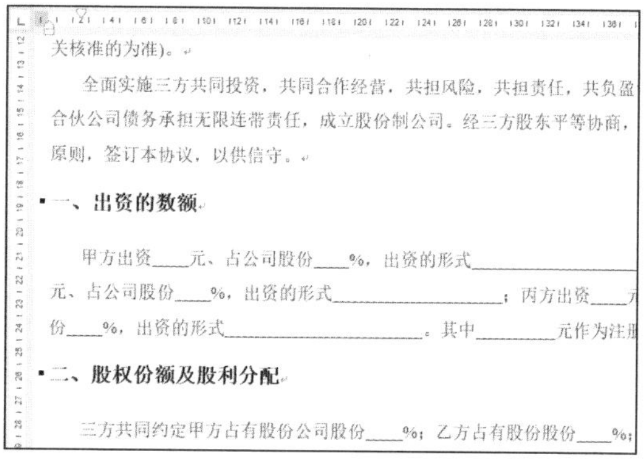

图3-71

知识地图

本章着重介绍了文档样式及编号功能的应用,包括样式的设置与管理、编号的添加与多级列表的设置等。下面对本章知识点进行梳理,希望能够加深读者的印象,提高学习效率。

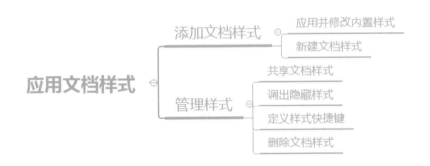

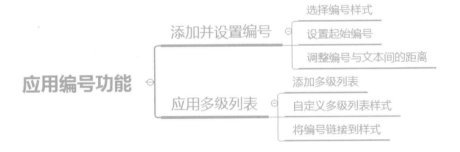

学习笔记

第4章

图文版式决定文档颜值

　　在文档中插入图片或图形的方法，相信大多数人都会使用。但要想排出的版式吸引人，那还需要一定的排版技巧才行。本章将向读者介绍一些精彩的图文排版的方式，从而提升读者的排版技能。

4.1 Word文档可以这样排

不少人会认为Word只能做出合同、报告之类的文档。殊不知，Word图文排版功能很强大，利用它可以排出各种不同的版式。例如，职场中很常见的求职简历，也许你认为Word简历应该是如图4-1所示的效果，其实，只要稍加美化，其效果将会大不同，如图4-2所示。

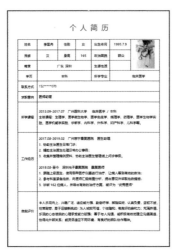

图4-1　　　　　　　　　　　图4-2

制作宣传文案或新闻稿在职场中也随处可见，也许你认为的文档效果如图4-3所示，其实，利用Word可以进行这样的排版，如图4-4所示。

图4-3　　　　　　　　　　　图4-4

Word文档本身就是文字堆文字，如果想要引起别人的注意，适当地美化一下页面，改变一下版式也未尝不可。

4.2 图片处理的基本方法

通过以上列举的两个案例，可得知在文档中插入图片或图形，会让文档变得生动有趣，同时也能够提升别人的阅读欲望。下面就来介绍图片在Word文档中的基本应用。

4.2.1 使用便捷方式插入图片

插入图片的方法有很多，其中较为便捷的方法就是，将图片直接拖入文档中，如图4-5所示。

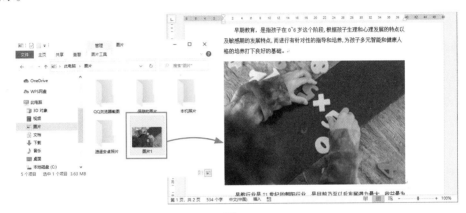

图4-5

如果要批量插入多张图片，那么就同时选择所有的图片，将其一起拖入文档中。此时，图片会按照大小，从上往下依次排列好。

此外，利用"屏幕截图"功能可将屏幕中截取的图片直接插入文档中。

在"插入"选项卡中单击"屏幕截图"按钮，选择"屏幕剪辑"选项，系统会直接跳转到电脑屏幕，此时，屏幕会以半透明状态显示，当鼠标转变成十字形时，按住鼠标左键拖动鼠标至合适位置，将所需图片框选在内，如图4-6所示。框选完成后，该图片将自动插入文档中，如图4-7所示。

图4-6

图4-7

图4-8

经验之谈

图片插入后,会进行压缩处理。如果想要将图片无损地插入文档中,可打开"Word选项"对话框,在"高级"选项下勾选"不压缩文件中的图像"复选框即可,如图4-8所示。

4.2.2 裁剪图片

使用"裁剪"功能可对图片进行常规的裁剪操作。但要将图片裁剪成指定的形状,就需要结合"裁剪为形状"和"纵横比"这两个功能来操作。例如,将图片裁剪为正圆形,可先利用"裁剪为形状"功能将其裁剪为椭圆,然后再使用"纵横比"功能,将椭圆以"1:1"比例进行裁剪即可,如图4-9所示。

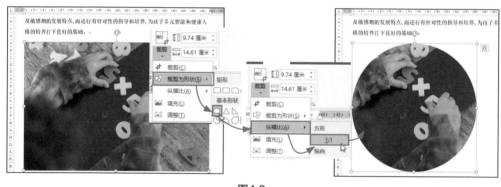

图4-9

 注意事项 对于新手用户来说,"裁剪为形状"功能建议谨慎使用。因为该功能是将图片裁剪为一些不规则形状。如果用户把控不了图片与文本间的关系,其页面效果会很糟糕。

以此类推,要将图形裁剪为标准的三角形、正方形、菱形等,都需利用"纵横比"中的"1:1"比例来裁剪才行。

在"纵横比"列表中,除了"1:1"比例值外,还有其他一些常用的比例值,利用这些比例值，用户可以将图片快速裁剪为指定大小。例如，要将图片快速裁剪为适应于手机屏幕大小，那么可以"纵向3：4"或"横向16：9"比例来裁剪，如图4-10所示的是纵向3：4比例裁剪效果，如图4-11所示的是横向16：9比例裁剪效果。

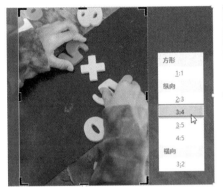

图4-10

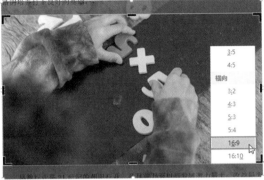

图4-11

4.2.3 处理图片效果

Word中用户可利用各种效果功能来对图片进行处理，以便烘托文档氛围。下面将对这些常规设置选项进行简单介绍。

（1）调整图片亮度、对比度及色调

选中图片，在"图片工具-格式"选项卡中单击"校正"下拉按钮，在打开的列表中可调整图片的亮度以及对比度，如图4-12所示。

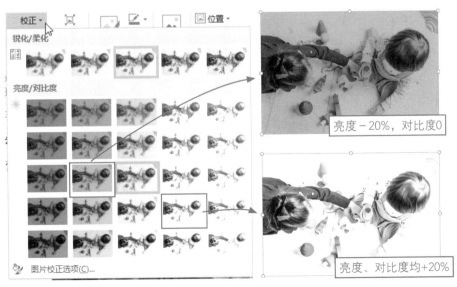

图4-12

　　单击"颜色"下拉按钮，用户可以调整图片的饱和度，或者为图片重新上色，如图4-13所示。

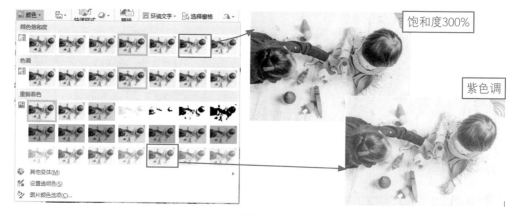

图4-13

> **经验之谈**
>
> 　　如果对设置的图片效果不满意，那么用户就可以选择重置图片。选中图片，单击"重置图片"按钮即可快速清除当前图片的所有效果，如图4-14所示。

图4-14

（2）设置图片效果和样式

　　单击"艺术效果"下拉按钮，可以为图片添加一些特殊的效果，如图4-15所示。在"图片样式"选项组中可以设置图片的外观效果，如图4-16所示。

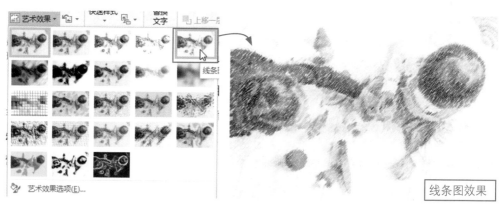

图4-15

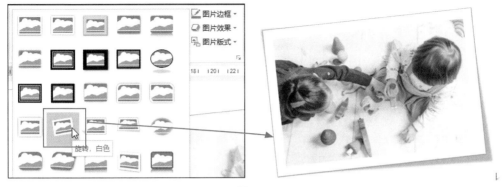

图4-16

在"调整"选项组中单击"更改图片"按钮,在其列表中选择"来自文件"选项,在打开的对话框中选择新图片,此时,系统会在不更改当前图片效果或样式的情况下,更换图片内容,如图4-17所示。

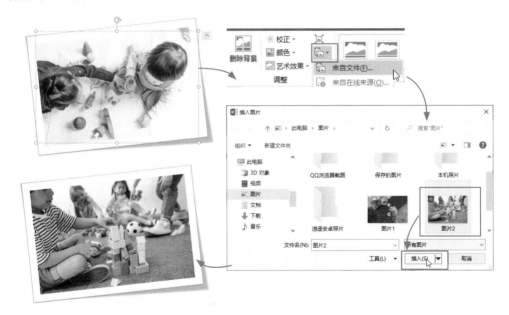

图4-17

(3)删除图片背景

利用"删除背景"功能可以去除图片背景。该功能堪比PS抠图功能,且操作起来要比PS简单。下面以删除咖啡背景为例来介绍具体抠图操作。

选中图片,在"图片工具-格式"选项卡中单击"删除背景"按钮,系统会打开"背景消除"选项卡,并自动识别图片背景,在该选项卡中单击"标记要删除的区域"按钮,在图片中标记要删除的背景区域,如图4-18所示。当图片背景识别完整后,单击"保留更改"按钮完成删除操作,如图4-19所示。

图4-18   图4-19

将抠出的咖啡图片放置到其他图片中，调整好大小及色调，让其融入当前图片，然后为其添加阴影，即可完成图片合成操作，如图4-20所示。

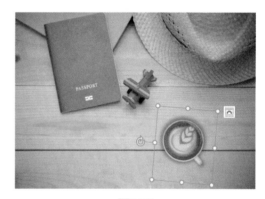

图4-20

4.2.4　图片排列的方式

图片插入后，默认是以嵌入型排列方式来显示。该方式是将图片比作一个字符嵌入在文档中。它是受行间距或文档间距限制的。当图片插入后，图片显示不全，则说明该图片所在的行间距过窄，如图4-21所示。像这种情况，只需将当前行间距设为"单倍行距"即可解决，如图4-22所示。

图4-21   图4-22

嵌入型排列方式比较常用,它中规中矩,属于比较安全的排版方式。如果想要版式有变化,独树一帜,那么用户可尝试使用"环绕文字"排列方式。在"排列"选项组中单击"环绕文字"下拉按钮,在打开的列表中用户可根据需求选择相应的排列选项即可,如图4-23所示。

图4-23

（1）四周型

无论图片是何种形态显示,文字始终以留出矩形空白区域围绕图片。文字与图片距离较远,如图4-24所示。

（2）紧密型环绕

文字与图片距离较近,并且会沿着图片轮廓紧密环绕,如图4-25所示。

图4-24　　　　　　　　　　　　图4-25

（3）穿越型环绕

该方式与紧密环绕相似,主要用于利用"编辑环绕顶点"选项后,按照顶点所在的位置进行文字环绕,如图4-26所示。可以看出,该方式比紧密环绕还要紧密。

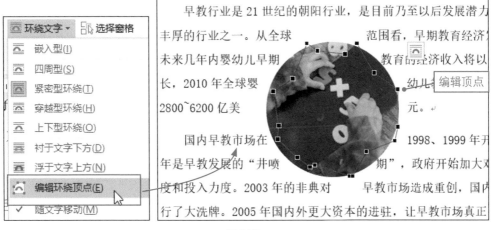

图4-26

（4）上下型环绕

这种方式类似于嵌入型方式。文字分为上、下两段，图片显示在中间。但与嵌入方式不同的是，该方式图片可以随意移动，不受段落行间距制约，如图4-27所示。

（5）衬于文字下方

图片显示在文字下方。当需要将图片作为页面背景时，可以选择这种排列方式，如图4-28所示。

（6）浮于文字上方

图片显示在文字上方，覆盖文字，如图4-29所示。

  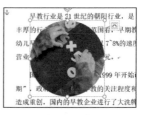

图4-27 图4-28 图4-29

4.3 图文混排的通用版式

图文混排的版式各种各样，但最终可归结为两类：一类是少图型版式；另一类是多图型版式。下面将分别对这两类版式进行简单的介绍。

4.3.1 少图型的版式布局

图4-30

少图型页面版式比较简单，使用嵌入型或上下型环绕方式即可。为了使页面布局美观大方，尽量将图片大小与文字等宽。

常规排版如图4-30所示。

版式说明

① 将页面文字分栏显示，让页面版式富有变化；

② 将图片以嵌入型或上下型环绕方式放置，使图片大小与文字同宽，让版式整齐划一；

③ 将段落行距设为1.3倍，将段前、段后值均设为0.5行，使得页面内容看上去不拥挤。

用户可在此版式基础上稍加改动,效果又不一样了,如图4-31所示。

版式说明

居中分栏会显得比较正统,如果在此基础上进行"偏左"或"偏右"分栏,整体版式灵活而有变化。

图4-31

在日常工作中经常需要对纯文本的文档进行排版,为了能够丰富文档版式,用户可根据内容去寻找具有相同意境的配图,并对版式加以设计,效果立刻显现,如图4-32所示。

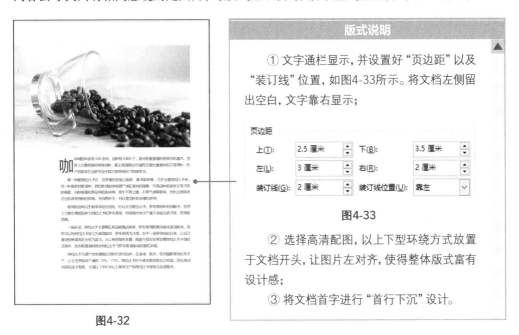

版式说明

① 文字通栏显示,并设置好"页边距"以及"装订线"位置,如图4-33所示。将文档左侧留出空白,文字靠右显示;

页边距			
上(T):	2.5 厘米	下(B):	3.5 厘米
左(L):	3 厘米	右(R):	2 厘米
装订线(G):	2 厘米	装订线位置(U):	靠左

图4-33

② 选择高清配图,以上下型环绕方式放置于文档开头,让图片左对齐,使得整体版式富有设计感;

③ 将文档首字进行"首行下沉"设计。

图4-32

如果寻找的配图是竖版,那么可将图片和文字进行左右排版,其版式效果也很不错,如图4-34所示。

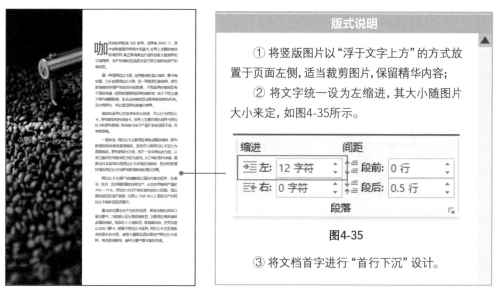

图4-34

版式说明

① 将竖版图片以"浮于文字上方"的方式放置于页面左侧，适当裁剪图片，保留精华内容；

② 将文字统一设为左缩进，其大小随图片大小来定，如图4-35所示。

③ 将文档首字进行"首行下沉"设计。

图4-35

4.3.2 多图型的版式布局

　　多图型排版相对就比较复杂一些，其实用户只要找对方法，依然可以轻松完成。在Word中，"图片版式"功能就是专门来解决多图片排版的问题。

　　先将图片均以"浮于文字上方"方式插入。全选图片，在"图片工具—格式"选项卡中单击"图片版式"下拉按钮，从中选择一款合适的版式，此时被选图片会自动以该版式呈现，如图4-36所示。

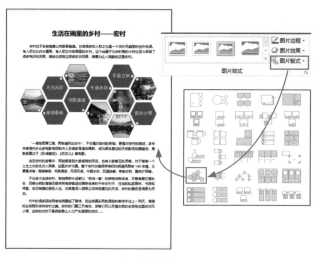

图4-36

在制作过程中，单击版式中的"[文本]"字符，可输入相应图片的注释文本，如图4-37所示。在"SmartArt工具-格式"选项卡中单击"环绕文字"选项，可设置该版式的排列方式，其排列选项与图片排列相同，如图4-38所示。

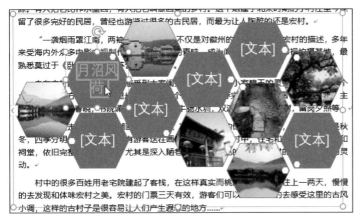

图4-37　　　　　　　　　　　　　　　　　　　图4-38

　　在"SmartAr工具-设计"选项卡中，用户可对版式、颜色和样式进行进一步设置，如图4-39所示。

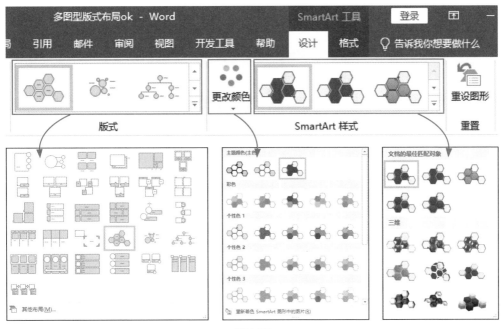

图4-39

4.4 创建逻辑图

逻辑图包含很多种类型，最常见的有流程图、组织结构图、时间关系图等，这些图表在Word中也能够快速创建。

4.4.1 使用 SmartArt 创建流程图

在文档中定位好插入点，在"插入"选项卡中单击"SmartArt"按钮，在"选择SmartArt图形"对话框中选择"流程"类型，并选择好样式，单击"确定"按钮，可插入该流程图模板，如图4-40所示。

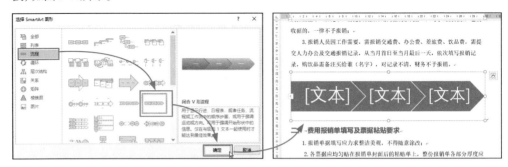

图4-40

单击该模板中的"[文本]"，可输入流程图内容。选中最后一个形状，在"SmartArt工具-设计"选项卡中单击"添加形状"下拉按钮，在其列表中选择"在后面添加形状"选项，即可在被选形状后添加新形状，如图4-41所示。

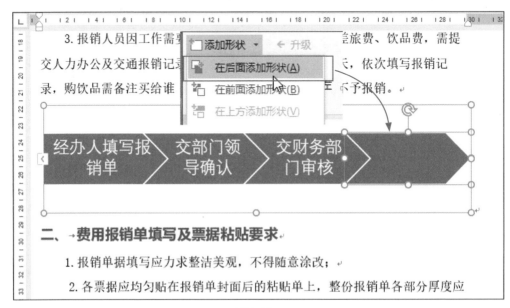

图4-41

选中新形状可直接输入文字内容。按照同样的操作，在其后面新建其他形状，完成流程图的创建操作，结果如图4-42所示。

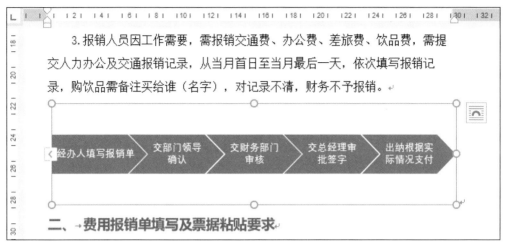

图4-42

如果当前流程图结构不合适，可在"SmartArt工具-设计"选项卡的"版式"选项组中重新选择流程图结构即可，如图4-43所示。

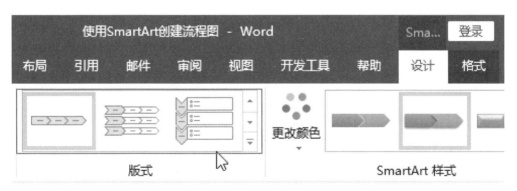

图4-43

流程图创建后，用户可对流程图进行一系列美化操作。选中流程图，在"SmartArt工具-设计"选项卡中单击"更改颜色"按钮，可对其颜色进行调整，在"SmartArt样式"列表中可对流程图现有的样式进行设置，如图4-44所示。选择流程图中的文字内容，可对其文本格式进行设置。

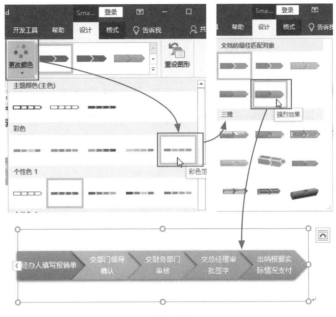

图4-44

4.4.2 使用形状创建时间轴

除了使用SmartArt功能创建逻辑图外，用户还可使用形状功能来创建。该功能在创建步骤上比SmartArt图形要复杂一些，但其版式效果要比SmartArt图形灵活得多。下面就以创建活动巡展时间轴为例，介绍形状功能的使用操作。

在文档中先输入时间轴内容，并设置好内容格式。在"插入"选项卡中单击"形状"下拉按钮，在其列表中选择"椭圆"，按住【Shift】键并使用鼠标拖拽的方法绘制正圆形至页面合适位置，如图4-45所示。

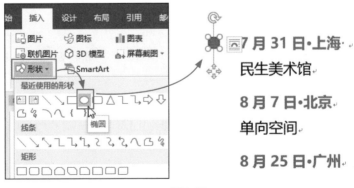

图4-45

选中该形状,在"绘图工具-格式"选项卡中单击"形状填充"下拉按钮,在此可更改图形的颜色。单击"形状轮廓"下拉按钮,选择"无轮廓"选项,隐藏形状轮廓,如图4-46所示。

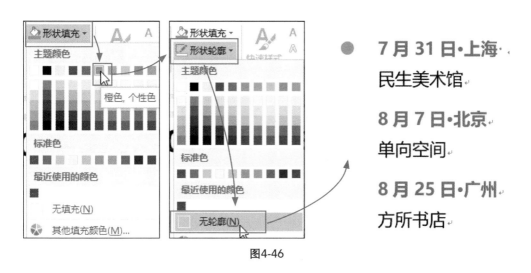

图4-46

再次绘制稍大一点的正圆形,并将其"形状填充"设为"无填充"。在"形状轮廓"列表中选择一种颜色。选择这两个圆形,在"绘图工具-格式"选项卡中单击"对齐"下拉按钮,依次选择"水平居中"和"垂直居中"选项,将两个圆形居中对齐,如图4-47所示。

保持这两个圆形为选中状态,在"绘图工具-格式"选项卡中单击"组合"按钮,将其进行组合,如图4-48所示。

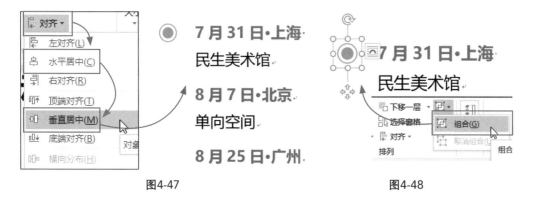

图4-47   图4-48

选择组合的圆形,按住【Ctrl】键,将其向下拖拽至其他位置,放开鼠标即可将该圆形复制,如图4-49所示。在形状列表中选择"直线",将其绘制在两个圆形中间,并调整好直线的颜色,如图4-50所示。

7 月 31 日·上海·
民生美术馆

8 月 7 日·北京
单向空间

8 月 25 日·广州·
方所书店

图4-49

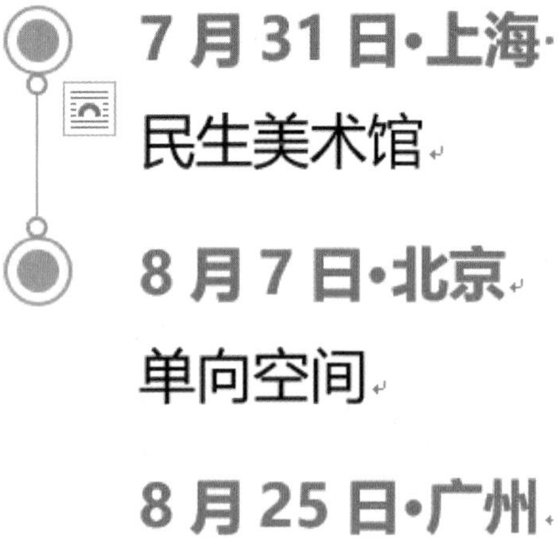

7 月 31 日·上海·
民生美术馆

8 月 7 日·北京·
单向空间

8 月 25 日·广州·

图4-50

利用【Ctrl】键，将绘制的直线和圆形向下进行复制，直到末尾。适当地调整好这些形状的位置，即可完成该时间轴的绘制，结果如图4-51所示。

7 月 31 日·上海
民生美术馆

8 月 7 日·北京
单向空间

8 月 25 日·广州
方所书店

9 月 15 日·深圳
有方建筑机构

10 月 21 日·成都
红美术馆

11 月 6 日·武汉
武汉科技馆

11 月 21 日·南京
德基美术馆

12 月 10 日·沈阳
1905 艺术空间

图4-51

拓展练习：编排公司新闻稿

　　下面将结合本章所学的知识点来对新闻稿件进行排版。在操作过程中所运用到的功能有：页面设置、形状绘制与编辑、图片插入与排列等。其中，"页面设置"相关知识点会在第5章中详细介绍。

Step 01　　新建空白文档。在"布局"选项卡中单击"页面设置"选项组右侧小箭头，打开"页面设置"对话，设置"上、下、左、右"页边距以及"装订线"数值，如图4-52所示。

Step 02　　绘制矩形，并设置好矩形的填充颜色，将矩形轮廓设为"无轮廓"，放置在页面左侧空白处，如图4-53所示。

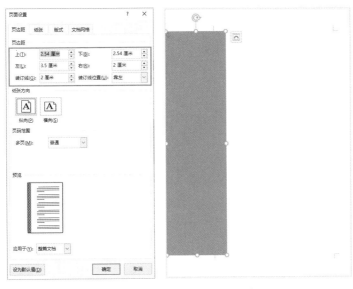

图4-52　　　　　　　　　　　　　图4-53

Step 03　　在"布局"选项卡中将"左"缩进值设为7，将文本内容统一左缩进，如图4-54所示。

Step 04　　输入新闻稿标题内容，并设置好其文本格式，如图4-55所示。

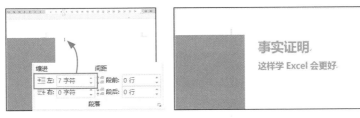

图4-54　　　　　　　　　　　　　图4-55

Step 05 选择并绘制直线形状,设置好直线的颜色,将其放置在标题上、下两边以及页脚处,如图4-56所示。

Step 06 输入新闻稿正文内容,并设置好其字体、字号及颜色,结果如图4-57所示。

图4-56

图4-57

Step 07 插入新闻稿配图,并以"上下型环绕"排列方式,放置于正文合适的位置,如图4-58所示。

Step 08 再次绘制直线,并将其颜色设为白色,单击"形状轮廓"下拉按钮,选择"粗细"选项,在级联菜单中选择"2.25磅",加粗直线,放置于左侧矩形中合适的位置,如图4-59所示。

图4-58

图4-59

Step 09 在"插入"选项卡中单击"文本框"下拉按钮,选择"简单文本框"选项,即可在页面中插入一个文本框,将该文本框移动至左侧矩形上方,如图4-60所示。

Step 10 在"绘图工具"选项卡中单击"形状填充"下拉按钮,选择"无填充"。单击"形状轮廓"下拉按钮,选择"无轮廓",如图4-61所示。

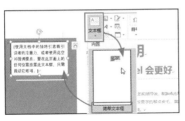

图4-60

图4-61

Step 11 删除文本框中的文字,输入新文字,并设置好文字的格式,如图4-62所示。

Step 12 选中该文本框,按【Ctrl】键,拖动鼠标,将其向下进行复制,如图4-63所示。

图4-62

图4-63

Step 13 删除复制文本框内容,输入新内容,同时也设置好该内容的格式。

至此,新闻稿排版完毕,最终效果如图4-64所示。

图4-64

知识地图

　　本章向用户介绍了图片处理的方法以及图文混排的操作技巧。为了能够加深读者的印象，下面对本章所学的知识点进行梳理，以便提高学习效率。

学习笔记

第5章

Word表格功能
很强大

　　说起制表，大多数读者会认为Excel比较顺手。其实，使用Word也同样能够做到。当然，这两款软件的侧重点不同，Excel以数据的管理与分析为主；而Word则以信息统计与文档排版为主。本章将介绍Word表格功能的强大之处，从而刷新读者对Word表格的认知。

5.1 表格工具的基本操作

入职登记表、员工档案表、工作计划表等在日常工作中很常见，像这类表格只需要使用Word就能轻松解决。下面将向用户简单地介绍一下Word表格的基本用法。

5.1.1　表格插入的方法

在Word中插入表格的方法大致分为三种，分别为：用快捷列表创建、用插入表格创建和导入外部数据表创建。

（1）利用快速列表创建

在文档中指定好插入点，在"插入"选项卡中单击"表格"按钮，在打开的列表中，将光标移至相应的方格处即可，如图5-1所示。

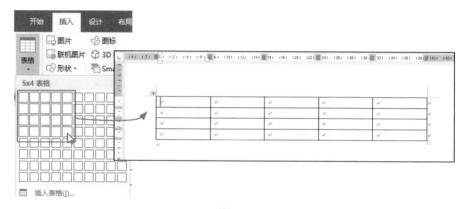

图5-1

 注意事项 该方法虽然方便，但它只能创建8行10列以内的表格。如果所需表格的行数或列数大于上述值，那么就需使用其他方法来创建。

（2）利用插入表格创建

在"表格"列表中选择"插入表格"选项，在打开的对话框中输入所需的列数和行数即可创建，如图5-2所示。

（3）导入外部数据表创建

想要将其他类型的数据表导入Word中，可通过复制粘贴的方法操作。下面就以导入Excel数据表为例来介绍具体操作。

先打开Excel表格，全选表格内容，按

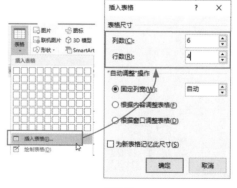

图5-2

【Ctrl+C】快捷键进行复制。在Word文档中单击鼠标右键，在快捷菜单中的"粘贴选项"列表中，根据需要选择粘贴方式即可，这里选择"保留源格式"选项，如图5-3所示。

图5-3

　　"保留源格式"粘贴后，表格数据是可以进行修改编辑的；如果选择的是"链接与保留源格式"选项，那么粘贴后的数据表是随Excel表格数据的变更而更新的；选择"图片"选项是将表格粘贴为图片，而选择"只保留文本"选项是以纯文本的形式来显示数据。

5.1.2　文本转换成表格

　　当用户遇到如图5-4所示的文本内容，该如何快速转换为表格？很简单，利用"文本转换成表格"功能即可。选择所有内容，在"表格"列表中选择"文本转换成表格"选项，在打开的对话框中，系统会自动识别所选文本内容，并给出识别结果。用户只需确认一下"列数"值是否正确，确认无误的话，单击"确定"按钮即可，如图5-5所示。

假期作息表

▶扫一扫　看视频◀

时间　活动安排
7：30　起床
7：30-7：50　上卫生间、洗漱
7：50-8：30　早读语文英语及数学公式
8：30-9：00　吃饭
9：00-10：00　小学宝语数英预习
10：00-10：20　自由活动（除看电视玩手机外其他事情都可以）
10：20-11：00　练习画画或看课外书
11：00-11：30　练字及手写体英语练习
11：30-14：10　午饭及午休
14：20-15：30　完成暑假作业（要求准确率）
15：30-16：00　休息、眼睛远眺、自由锻炼
16：00-17：00　阅读课外书或背诵一篇作品（古诗、诗歌、小故事、小短文等）
17：00-19：00　玩
19：00-19：30　吃晚饭
19：30-20：30　三字两词计算或者日记都可
20：30-21：00　冲凉
21：00-21：30　玩手机或者看电视
21：30-22：00　睡觉

图5-4

图5-5

在转换过程中,需要注意文本之间的分隔符一定要统一。例如,以上案例中是以空格符来进行文字的分隔,系统会根据一行中的空格数量来确定表格的列数。如果分隔符不统一,那么系统将无法识别,因此也无法实施该操作。

这里的分隔符一般指的是逗号、制表符、空格、回车符这四种。如果输入了其他特殊字符,可在对话框中的"其他字符"中进行设置即可,如图5-6所示。

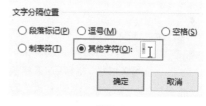

图5-6

 注意事项 Word只能识别英文字符,也就是在英文状态下输入的字符或符号,例如英文逗号、英文句号等。

5.1.3 对表格进行编辑

▶扫一扫 看视频◀

表格创建好后,为了能够达到预期效果,通常需要对表格进行一些调整操作,例如插入行或列、调整表格的行高与列宽、拆分表格等。下面将对这些基本的编辑操作进行介绍。

(1)插入多行或多列

在表格中插入单行或单列,只需在"表格工具-布局"选项卡中单击"在上方/下方插入"或"在左侧/右侧插入"选项即可。如果需要一次性插入多行或多列的话,可先选择相应数量的行数或列数,再进行插入即可。

例如,要批量插入4行,那么先选择相邻的4行,然后单击"在下方插入"按钮,即可在被选行下方插入4个空白行,如图5-7所示。批量插入列的方法与插入行相同,在此就不再重复介绍。

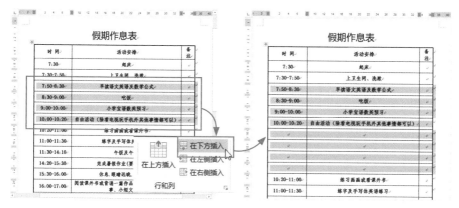

图5-7

（2）调整表格的行高与列宽

将光标放置于所需行或列的分割线上，当光标呈双向箭头时，使用鼠标拖拽的方法即可调整行高或列宽，如图5-8所示。

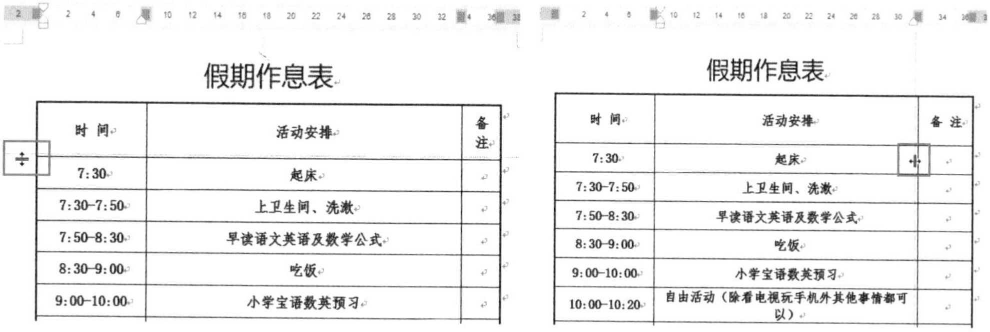

图5-8

以上是对单个行高或列宽进行微调，如果想要调整多个行高或多个列宽，只需选中相应的行或列，在"表格工具—布局"选项卡的"单元格大小"选项组中统一设置"表格行高"或"表格列宽"的数值即可，如图5-9所示。

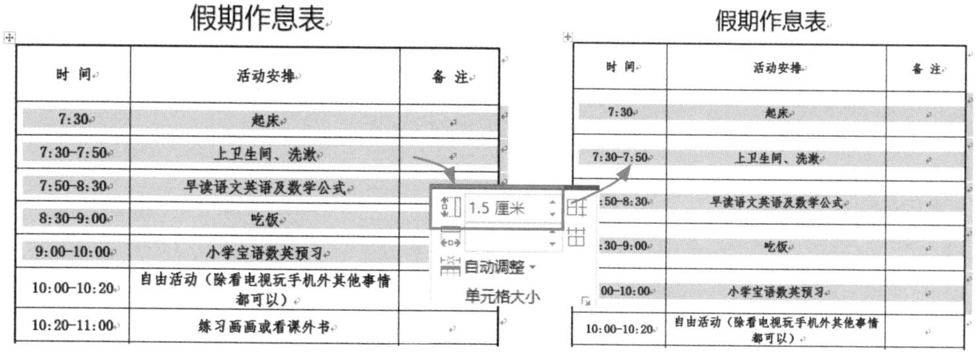

图5-9

当删除表格中某行或某列后，表格原本的框架就会发生变化，为了能够快速调整好表格的行高和列宽，用户在"布局"选项卡中单击"自动调整"按钮，然后根据需求选择相应的调整选项即可，如图5-10所示。

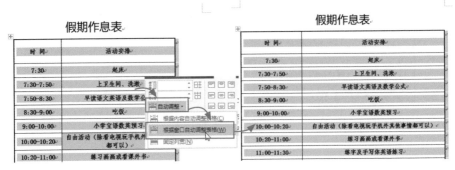

图5-10

（3）拆分和合并表格

拆分表格是将一张表格一分为二，而合并表格则是将多张表格合并为一张表格。将光标放置于要拆分的单元格中，在"表格工具-布局"选项卡中单击"拆分表格"按钮即可在光标处将表格进行拆分，如图5-11所示。用户也可直接按【Ctrl+Shift+Enter】快捷键来拆分表格。

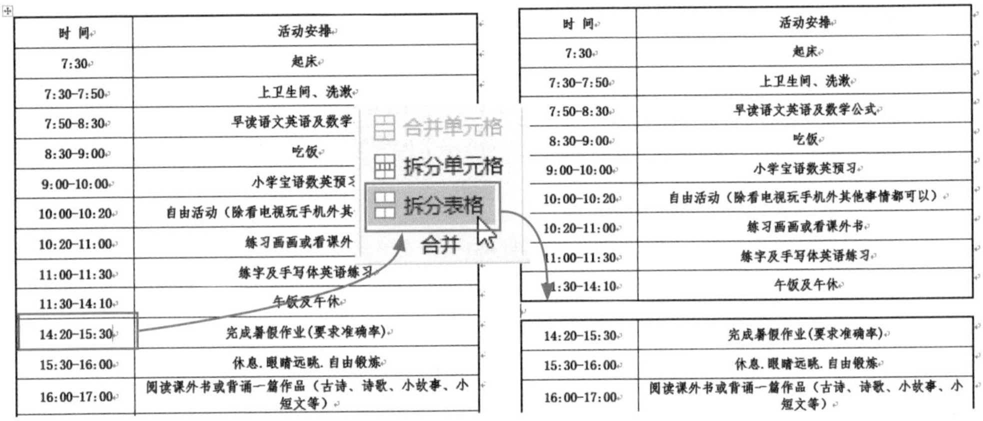

图5-11

要将两张表格合二为一，只需删除表格中的空行即可。

> **经验之谈**
>
> 表格创建好后，如需在表格顶端插入文本内容，可将光标放置于首行末尾换行符处，按【Ctrl+Shift+Enter】快捷键即可在该表格顶端插入空白行，输入文本内容即可，如图5-12所示。

假期作息表

时 间	活动安排
7:30	起床
7:30-7:50	
7:50-8:30	早读语文英语及数学公式
8:30-9:00	吃饭

按【Ctrl+Shift+Enter】

假期作息表

时间：2021.7.5-2021.8.31

时 间	活动安排
7:30	起床
7:30-7:50	上卫生间、洗漱
7:50-8:30	早读语文英语及数学公式

图5-12

扫一扫 看视频

5.1.4 设置表格样式

表格创建后，用户可根据需求来对表格外观样式进行设置。在"设计"选项卡的"表格样式"选项组中可以直接套用内置的样式，如图5-13所示。

| 新生入园报名表 - Word | 表格工具 |

设计 布局 引用 邮件 审阅 视图 开发工具 帮助 设计 布局

表格样式

底纹

图5-13

如果内置的表格样式不能够满足需求，那么用户可进行自定义样式设置。下面将以美化新生入园报名表为例，来介绍具体的操作方法。

全选表格，在"表格工具-设计"选项卡中单击"笔颜色"下拉按钮，从列表中选择一款边框颜色，如图5-14所示。单击"笔样式"下拉按钮，从列表中选择一款边框线样式，如图5-15所示。单击"笔画粗细"下拉按钮，从列表中选择边框线粗细值，如图5-16所示。

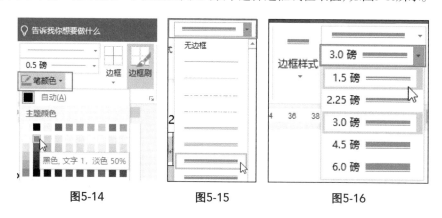

图5-14　　　图5-15　　　图5-16

单击"边框"下拉按钮，在列表中选择"外侧框线"选项，完成表格外边框样式的设置，如图5-17所示。

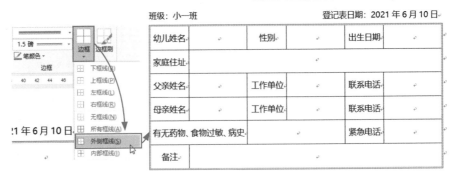

图5-17

按照以上操作顺序，设置表格内框线样式，在“边框”列表中选择“内部框线”选项，将其样式应用于表格内框线，如图5-18所示。

图5-18

接下来可对表格中的字体格式进行设置，结果如图5-19所示。

新生入园报名表

班级：小一班　　　　　　登记表日期：2021 年 6 月 10 日

幼儿姓名		性别		出生日期	
家庭住址					
父亲姓名		工作单位		联系电话	
母亲姓名		工作单位		联系电话	
有无药物、食物过敏、病史				紧急电话	
备注					

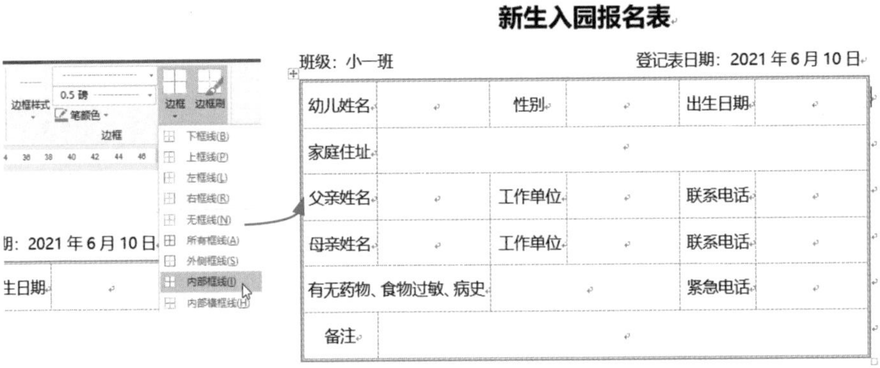

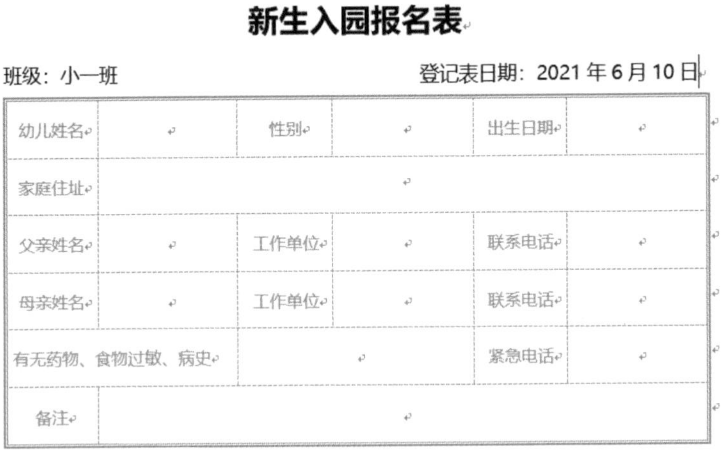

图5-19

5.2 处理表格中的数据

如果需要对数据内容进行简单的计算与分析,可利用"公式"功能进行操作。下面将介绍具体的设置方法。

5.2.1 对数据进行计算

将光标放置在结果单元格中,在"表格工具—布局"选项卡的"数据"选项组中单击"公式"按钮,在打开的"公式"对话框中可以根据需要选择相关的公式或函数进行计算,如图5-20所示。

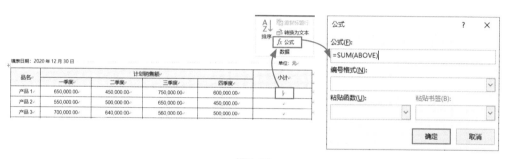

图5-20

在"公式"对话框中默认会显示求和公式"=SUM",公式中的"ABOVE"字符则表示当前单元格以上所有的数据。由于该计算数据在结果单元格左侧,所以需将"ABOVE"更改成"LEFT",单击"确定"按钮,即可完成求和计算,如图5-21所示。

图5-21

将该计算结果复制到其他"小计"单元格中,然后按【F9】功能键后,这些复制后的结果会全部自动更新,如图5-22所示。

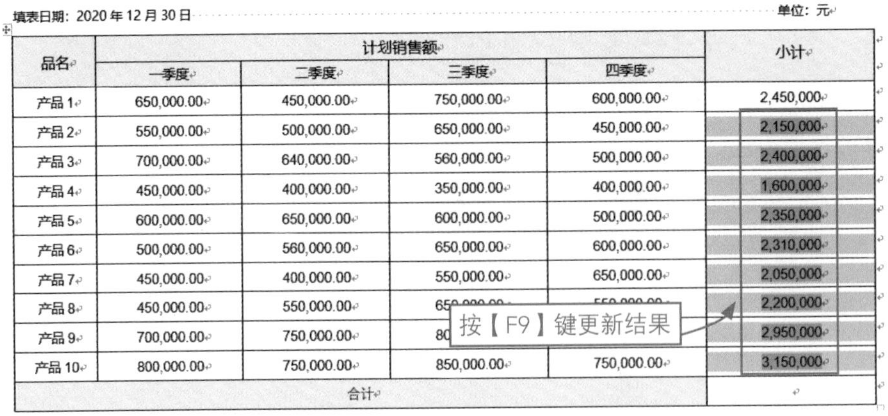

图5-22

单击"合计"结果单元格，打开"公式"对话框，将公式设为"=SUM（ABOVE）"后，单击"确定"按钮，即可计算出当前单元格以上所有数据的总和，如图5-23所示。

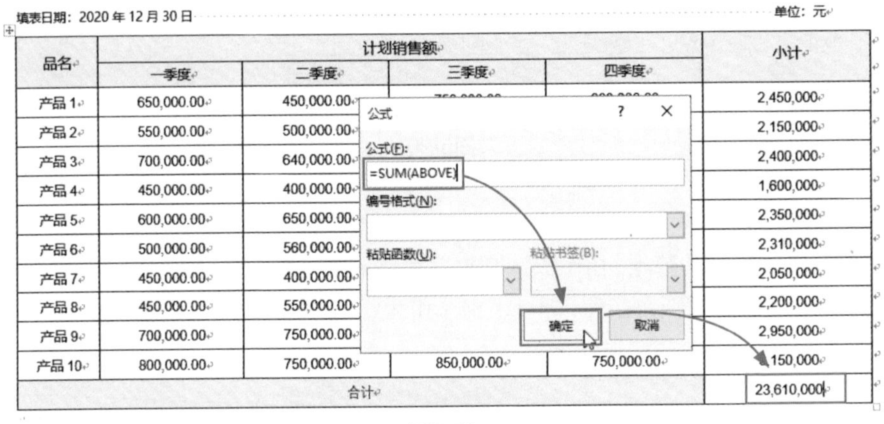

图5-23

当需要对某个指定单元格的数据进行求和计算，例如在"合计"结果单元格中对"产品2"和"产品4"两个数据进行求和，那么就需要将求和公式更改成"=SUM(F4, F6)"，单击"确定"按钮即可，如图5-24所示。

经验之谈

在Word中单元格读取方式与Excel表格相同，默认行号以阿拉伯数字（1、2、3、4……）从上往下显示，列标则以英文字母（A、B、C、D……）从左往右显示。单元格是行和列相交的位置，所以用户可按照列标+行号方式读取。而"产品2"的"小计"单元格位于F列与第3行相交处，所以输入"F3"即可。

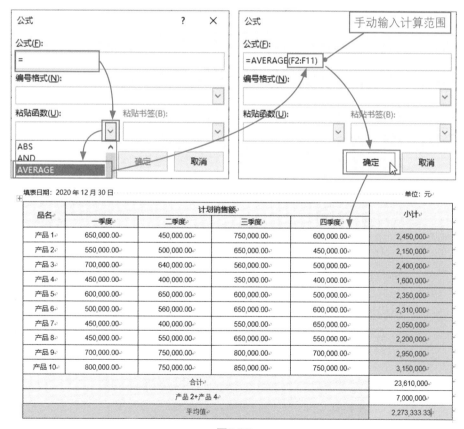

图5-24

如果需要计算数据平均值，那么在"公式"对话框中，先清除默认求和公式（需保留"="），单击"粘贴函数"下拉按钮，在列表中选择平均值函数，然后在平均值函数中手动输入要计算的单元格范围，单击"确定"按钮即可得出结果，如图5-25所示。

填表日期：2020 年 12 月 30 日　　　　　　　　　　　　　　　　　　　　　　单位：元

品名	计划销售额				小计
	一季度	二季度	三季度	四季度	
产品 1	650,000.00	450,000.00	750,000.00	600,000.00	2,450,000
产品 2	550,000.00	500,000.00	650,000.00	450,000.00	2,150,000
产品 3	700,000.00	640,000.00	560,000.00	500,000.00	2,400,000
产品 4	450,000.00	400,000.00	350,000.00	400,000.00	1,600,000
产品 5	600,000.00	650,000.00	600,000.00	500,000.00	2,350,000
产品 6	500,000.00	560,000.00	650,000.00	600,000.00	2,310,000
产品 7	450,000.00	400,000.00	550,000.00	650,000.00	2,050,000
产品 8	450,000.00	550,000.00	650,000.00	550,000.00	2,200,000
产品 9	700,000.00	750,000.00	800,000.00	700,000.00	2,950,000
产品 10	800,000.00	750,000.00	850,000.00	750,000.00	3,150,000
合计					23,610,000
产品 2+产品 4					7,000,000
平均值					2,273,333.33

图5-25

5.2.2　对数据进行排序

Word表格除了可以进行数据计算外,还可以对数据进行简单的排序。全选表格内容,在"表格工具—布局"选项卡中单击"排序"按钮,在"排序"对话框中设置好"主要关键字"和"升、降序"即可。

例如,将"主要关键字"设为"小计",单击"升序"单选按钮和"确定"按钮,此时"小计"一列中的数据将会从低到高进行排序,如图5-26所示。

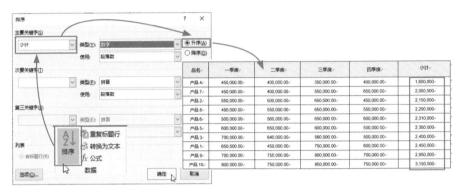

图5-26

对数据进行排序时,表格中不能出现合并的单元格,否则将无法进行排序操作。

在实际工作中,可能会遇到要对表格进行多条件排序的情况。这时用户只需在"排序"对话框中,设置好"主要关键字"和"次要关键字"的排序依据及排序方式即可。

5.3　利用表格进行排版

Word表格除了具备数据统计和计算功能外,还兼备了文档排版的功能。下面将介绍如何利用表格进行排版操作。

5.3.1　快速制作联合公文头

制作联合公文头内容有两种方法:一种就是利用"双行合一"功能来制作,该功能已在前面章节中介绍过;而另一种就是利用表格功能制作。

▶扫一扫　看视频◀

首先,根据联合单位数量插入相应的表格。例如,有3个联合单位,那么就插入一个3行3列表格,并输入公文头内容,如图5-27所示。

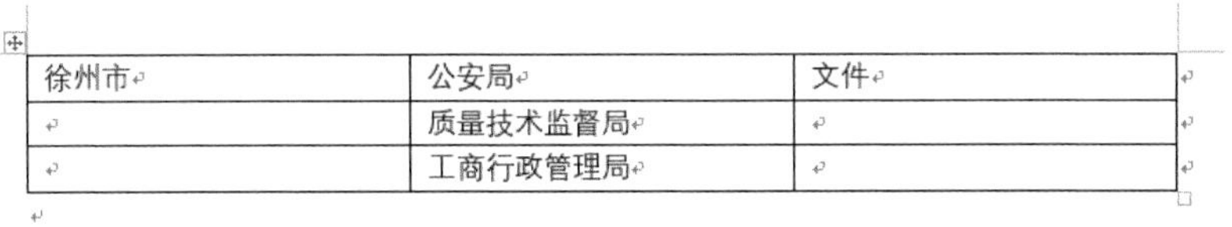

徐州市	公安局	文件
	质量技术监督局	
	工商行政管理局	

图5-27

然后，合并表格第1列和第3列单元格，并设置好文本格式，将其居中显示，如图5-28所示。

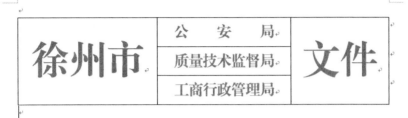

图5-28

接着，隐藏表格边框。选中表格，在"表格工具-设计"选项卡中单击"边框"下拉按钮，从列表中选择"无边框"选项即可，如图5-29所示。

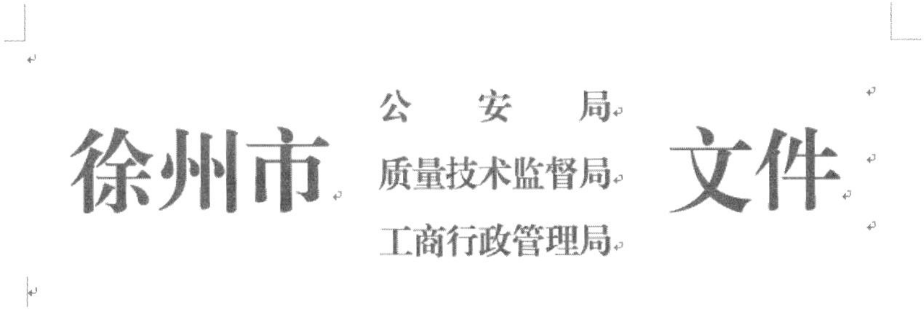

徐州市　公　安　局　文件
质量技术监督局
工商行政管理局

图5-29

最后，利用直线绘制公文头与正文之间的分隔线，并输入文件号，最终结果如图5-30所示。

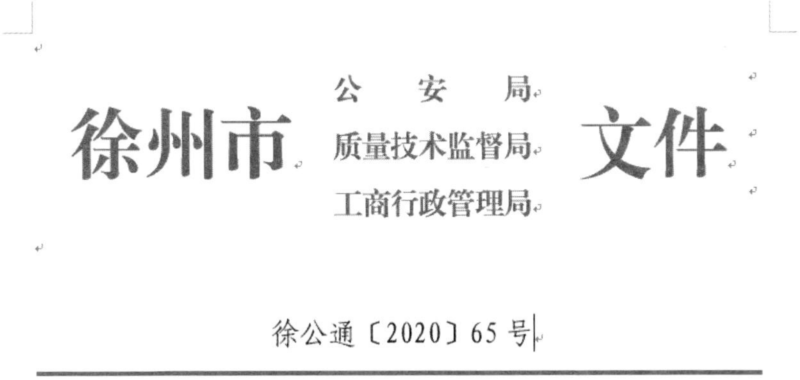

徐州市　公　安　局　文件
质量技术监督局
工商行政管理局

徐公通〔2020〕65号

图5-30

5.3.2 快速对齐下划线

当遇到文档封面的下划线无法对齐时，可以利用表格功能来解决。下面就以制作设计合同封面为例来介绍具体操作方法。

在文档中根据需要先创建表格，这里就创建一个5行2列的表格，并根据封面标题宽度，调整好表格与页边距的位置以及表格的列宽，如图5-31所示。在表格中输入文字内容，并将文字对齐，如图5-32所示。

图5-31   图5-32

先选中表格第1列内容，在"表格工具-设计"选项卡中单击"边框"下拉按钮，选择"无框线"选项，隐藏该列所有的边框线，如图5-33所示。

图5-33

接下来选中表格第2列内容，在"边框"下拉按钮，依次选择"上框线""右框线"选项，将这些边框线进行隐藏，如图5-34所示。在横线处输入项目信息，即可完成合同封面的制作。

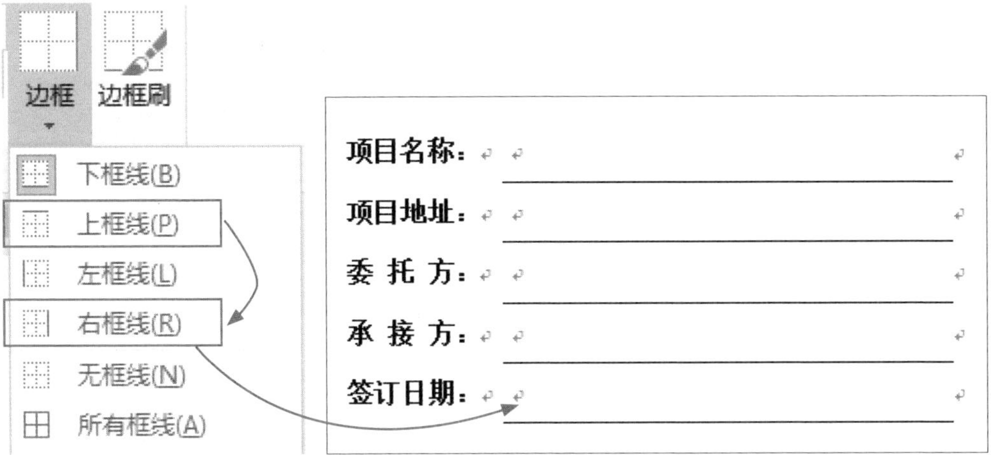

图5-34

5.3.3　对图文内容进行快速排版

上一章中向用户介绍了几种图文混排的方式。此外，用户还可利用表格功能来进行排版。下面将以制作新品推介内容为例，来介绍表格排版操作。

原始文档图文混排版式比较单调，整体页面效果比较空洞，不饱满，如图5-35所示。经过调整后效果如图5-36所示，整体效果要比原始的好很多。

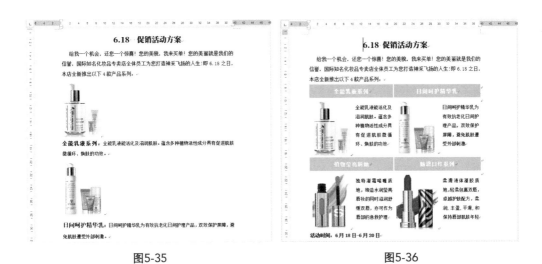

图5-35　　　　　　　　　　　　　　　图5-36

指定好表格的插入点，插入4行4列的表格，如图5-37所示。将表格首行和第3行单元格进行合并，结果如图5-38所示。

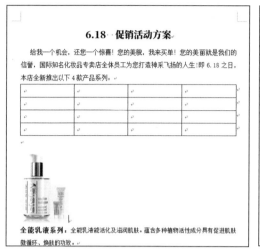

图5-37　　　　　　　　　　　　　　　　图5-38

　　将图片和文本内容分别剪切至表格中，并根据内容调整好表格结构以及文本格式和对齐方式，结果如图5-39所示。选中首个合并单元格，在"表格工具-设计"选项卡中单击"底纹"下拉按钮，选择一款颜色，为单元格添加底色，如图5-40所示。

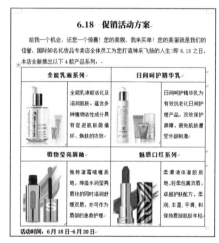

图5-39

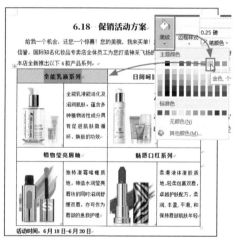

图5-40

　　按照同样的方法，设置其他合并单元格底纹，并设置好文字颜色。全选表格，在"边框"列表中先选择"无边框"选项，隐藏表格的所有边框。然后单击"笔颜色"按钮，将边框设为白色。单击"笔画粗细"按钮，将其粗细设为2.25磅，如图5-41所示。

　　设置好后，选中表格第3、4列内容，在"边框"列表中选择"左框线"选项，应用该边框样式，如图5-42所示。至此，完成图文混排操作。

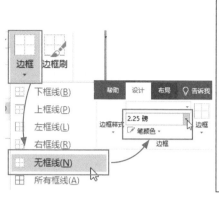

图5-41

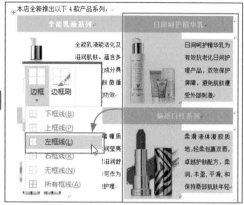

图5-42

5.4 解决表格制作常见问题

在制作表格时,常会出现各种问题,例如,插入图片后,表格就变形;表格后面总会有空白页,删不掉;表格内容太多,复制过来后显示不全等。下面归纳了几条表格处理的常见问题及解决方法,以供用户参考。

5.4.1 图片插入后,表格就变形

在表格中插入图片后,表格会随着图片的大小而变形,如图5-43所示。这时,原本设计好的框架不复存在,只能缩小图片后再调整。其实,该问题很好解决,在插入图片前,先调整好表格属性即可。

解决方法: 全选表格,在"表格工具-布局"选项卡中单击"属性"按钮,打开"表格属性"对话框。单击"选项"按钮,打开"表格选项"对话框,取消勾选"自动重调尺寸以适应内容"复选框,单击"确定"按钮即可,如图5-44所示。

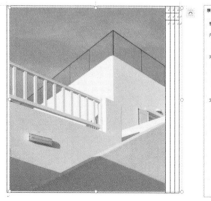

图5-43

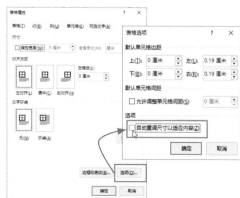

图5-44

设置好后，再插入图片至表格中，就不会出现表格随图片大小而变形的情况了，如图 5-45所示。

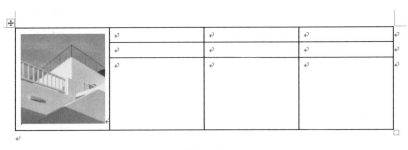

图5-45

5.4.2 删除表格后的空白页

当表格正好一页显示时，后面就会多出一空白页。使用【Delete】键和【Backspace】键都无法删除，如图5-46所示。这时，用户可利用设置段落行距的方法来解决。

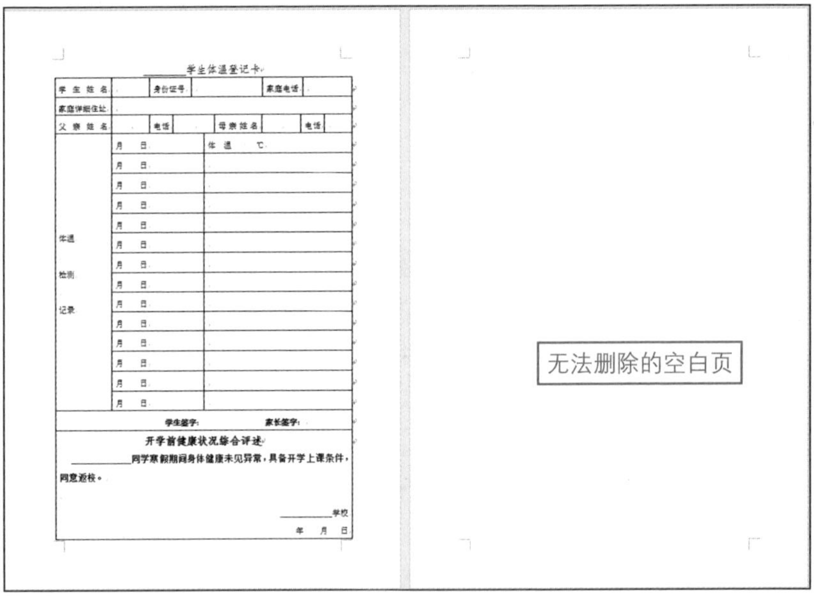

无法删除的空白页

图5-46

解决方法: 将光标定位至表格后的回车符，打开"段落"对话框，将其"行距"设置为1磅即可，如图5-47所示。

图5-47

5.4.3　复制的表格显示不全

从其他文件中复制过来的表格只显示一半，如图5-48所示。这是由于表格内容比较多，而且其他文件的版式与Word版式不统一所导致的。遇到这种问题，可通过以下两种方法解决。

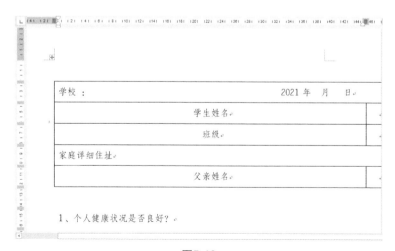

图5-48

解决方法一：在Word中粘贴表格内容时，可使用右键"粘贴选项"中的"使用目标样式"进行粘贴操作，此时该表格将会以当前Word文档样式来显示，如图5-49所示。

解决方法二: 全选表格,在"表格工具-布局"选项卡中单击"自动调整"下拉按钮,在列表中选择"根据窗口自动调整表格"选项即可,如图5-50所示。

图5-49   图5-50

5.4.4　单元格边框与内容的距离太近

在制表时会发现内容与单元格边框线太近。当该单元格的内容过多,就会显得太满,让人透不过气,如图5-51所示。其实,默认情况下,单元格左右两端会留有一定的距离,如果出现以上问题,用户可调整单元格边距即可。

解决方法: 选中表格,在"表格工具-布局"选项卡中单击"单元格边距"按钮,在打开的对话框中设置好"上、下、左、右"边距数值即可,如图5-52所示。

图5-51   图5-52

5.5　图表的创建与修饰

如果说图形是人类的共同语言,那么图表是数据的共同语言。图表可以将数据用图形呈现出来,并能够很直观地观察到各数据之间的关系和变化。那么如何在Word文档中创建图表?下面将对该问题进行解答。

5.5.1　创建图表

在文档中指定好图表插入点，在"插入"选项卡中单击"图表"按钮，打开"插入图表"对话框，在此选择一款图表类型，例如选择"条形图"，单击"确定"按钮，即可在光标处插入默认的条形图，并打开Excel编辑窗口，如图5-53所示。

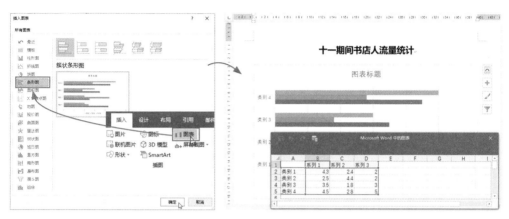

图5-53

在Excel编辑窗口中根据需要输入图表数据，删除多余的数据，并利用鼠标拖拽的方法，拖拽该表格右下角控制手柄来调整数据的显示范围。输入好后，其图表也会发生相应变化，如图5-54所示。

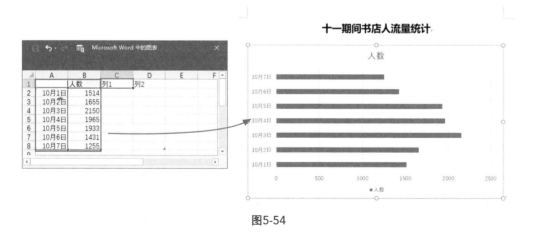

图5-54

至此，图表也就创建完毕了。

在Excel编辑窗口中默认会显示一些列数据，用户可在该基础上对数据进行修改。带有底纹的数据会显示在图表中，对于一些多余的数据需及时删除，并将其放置在显示范围外才行，否则将影响图表效果。

5.5.2 修饰图表

图表创建好后，一般需要对图表进行适当的修饰美化，以方便其他人快速获取到有用信息。

选中图表，在"图表工具-设计"选项卡中单击"添加图表元素"下拉按钮，在打开的列表中选择"数据标签"选项，并在其级联菜单中选择"数据标签外"选项，可为当前图表添加相应的数据标签，如图5-55所示。

单击"快速布局"下拉按钮，在其列表中选择一款布局样式，可更改当前的图表布局，如图5-56所示。单击"更改颜色"下拉按钮，在列表中可选择一款主题色来更改当前图表的颜色，如图5-57所示。

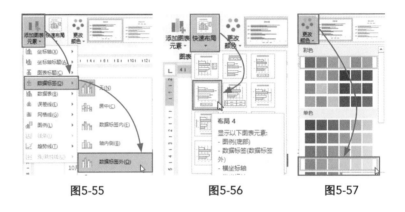

图5-55　　　　　图5-56　　　　　图5-57

在"图表样式"列表中用户可选择一款样式应用于当前图表中。至此，图表修饰完成，结果如图5-58所示。

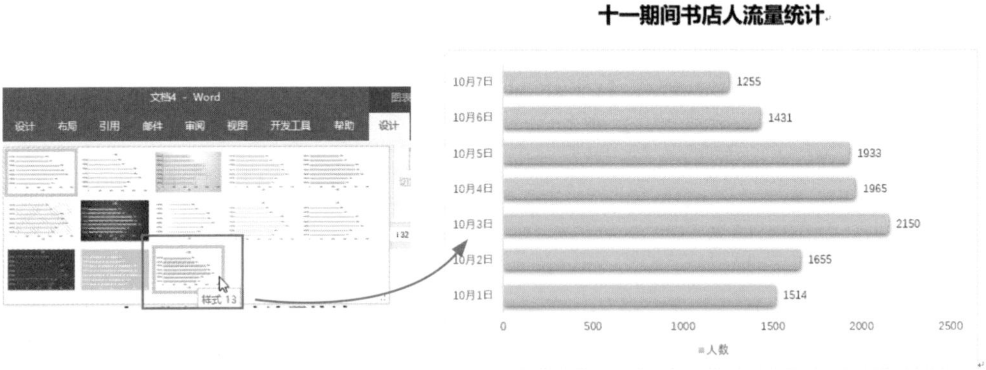

图5-58

拓展练习：制作施工人员出入证

制作出入证的方法有很多,本案例将利用表格功能来制作一张施工人员的出入证,以此巩固本章所学的知识。在制作过程中所运用到的命令有:创建表格、编辑表格、美化表格等。

Step 01 创建一个5行3列的表格,如图5-59所示。

图5-59

Step 02 选中首行单元格,在"表格工具-布局"选项卡中单击"合并单元格"按钮,将首行单元格进行合并。然后,使用相同的方法将第3列单元格进行合并,合并结果如图5-60所示。

图5-60

Step 03 在表格中输入相应的内容,并设置好内容的格式以及对齐方式,如图5-61所示。

施工人员出入证

姓　　名	李胜容	
编　　号	GZ 0889	
施工地址	荣盛大厦A座501室	
施工工期	2021.10.5-2021.12.31	

图5-61

Step 04 拖拽表格边框线,调整好各列的列宽,如图5-62所示。

Step 05 将光标定位至表格任意处，打开"表格属性"对话框，在"表格"选项卡中单击"选项"按钮，取消勾选"自动重调尺寸以适应内容"复选框，单击"确定"按钮，如图5-63所示。

图5-62

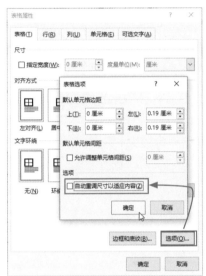

图5-63

Step 06 将光标定位至表格右侧合并单元格中，在"插入"选项卡中单击"图片"按钮，在该单元格中插入图片，如图5-64所示。

Step 07 选择表头内容，在"表格工具-设计"选项卡中单击"底纹"下拉按钮，从列表中选择所需颜色，为其添加底色，如图5-65所示。

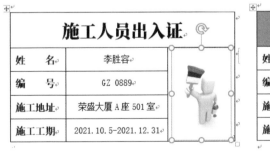

图5-64

图5-65

Step 08 将标题字体颜色设为白色。全选表格，在"表格工具-设计"选项卡中单击"笔颜色"下拉按钮，选择好边框颜色，如图5-66所示。

Step 09 单击"笔样式"下拉按钮,在列表中选择好边框样式,如图5-67所示。

Step 10 单击"边框"下拉按钮,在列表中选择"外侧框线"选项,将设置好的边框样式应用于表格外框线上,如图5-68所示。

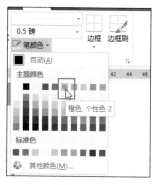

图5-66

图5-67

图5-68

Step 11 同样全选表格,设置表格内框选的"笔样式",单击"边框"下拉按钮,选择"内部框线"选项,如图5-69所示。

Step 12 设置完成后,出入证制作完毕,最终如图5-70所示。

图5-69

图5-70

知识地图

本章介绍了表格功能的应用操作，包括表格的基本创建与编辑、利用表格进行排版、图表的创建与修饰等。下面着重对表格创建以及表格排版相关知识点进行梳理，以加深读者的印象，提高学习效率。

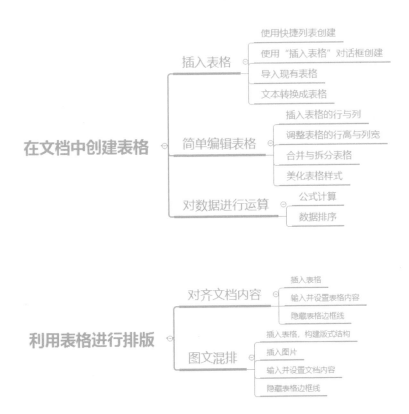

学习笔记

第6章

页面布局调整很重要

页面布局对于文档排版来说比较重要。通常在设置页面版式前，就要先对页面整体布局进行调整，例如页边距、纸张大小、纸张方向、是否需要分栏显示等。做好页面布局，再进行文档排版，就顺理成章了。本章将介绍页面布局所应用到的主要功能。

6.1 页面格式的基本设置

页面格式包含纸张大小、纸张方向、页边距、页面背景设置等。下面将对这些常用功能进行介绍。

6.1.1 设置纸张大小与方向

新建文档后，系统默认的纸张大小为A4，方向为纵向。如果有特殊要求的话，可以在"布局"选项卡中单击"纸张大小"或"纸张方向"下拉按钮，从列表中选择所需选项即可，如图6-1所示。

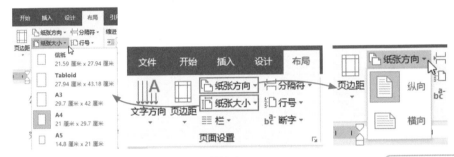

图6-1

6.1.2 设置页边距

页边距是指文档内容与页面边界的距离。文档默认有4个边距值，分别为上边距、下边距、左边距和右边距，如图6-2所示。

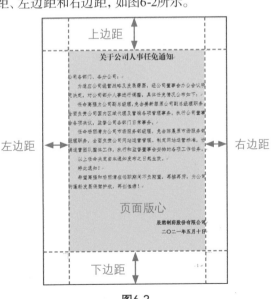

图6-2

页边距值越大，版心区域就越小；相反，边距值越小，版心区域就越大。所以在对文档进行排版时，先要确定好页边距，如果页边距发生了变化，那么整篇文档版式也会随之而改变。

在"布局"选项卡中单击"页边距"下拉按钮，在列表中选择所需边距值即可，如图6-3所示。此外，在"布局"选项卡中单击"页面设置"右侧小箭头按钮，打开"页面设置"对话框，在"页边距"选项卡中对其参数进行设置即可，如图6-4所示。

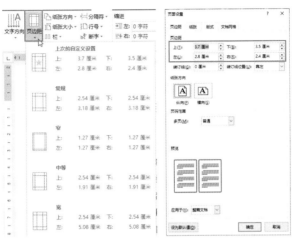

图6-3   图6-4

对于公文、图书以及考试卷等文档，通常都需为其设置装订线。在Word中可将装订线设置在页面左侧和顶端。设置后在装订线所在的页边距会预留出额外的装订控件，保证在装订文档时不会遮挡文字内容。

用户可在"页面设置"对话框的"页边距"选项中设置"装订线"边距以及位置，如图6-5所示。

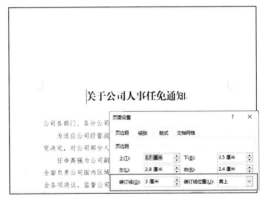

图6-5

6.1.3　一键转换稿纸模式

利用Word稿纸功能可将文档迅速转换成各种稿纸效果的文档，例如方格稿纸、行线稿纸等，如图6-6所示。

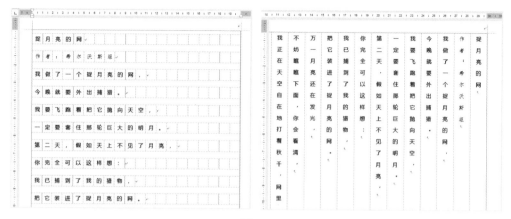

图6-6

选择所需文档，在"布局"选项卡中单击"稿纸设置"按钮，在打开的对话框中可对稿纸的格式、页面大小、纸张方向以及页眉页脚内容进行设置，如图6-7所示。

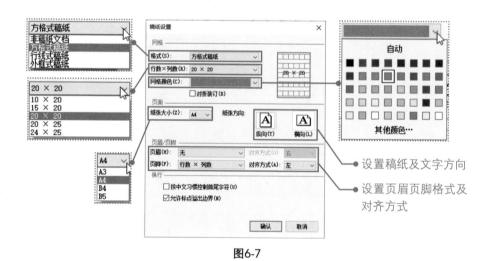

图6-7

如果想要取消稿纸设置，只需在"格式"列表中选择"非稿纸文档"选项即可。需要注意的是，转换成稿纸形式后，就无法对文字的大小进行调整了。

经验之谈

有时"稿纸设置"功能不显示在"布局"选项卡中，这时就需要用户手动加载。在"文件"列表中选择"选项"，打开"Word选项"对话框，单击"加载项"选项，选择"Microsoft Word稿纸向导加载项"，单击"转到"按钮，在打开的对话框中勾选该加载项，单击"确定"按钮即可，如图6-8所示。

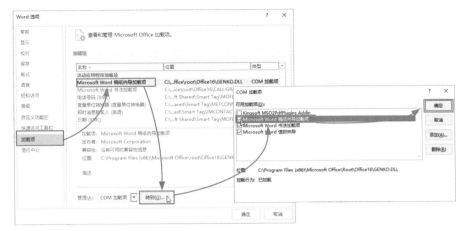

图6-8

6.1.4　添加页面背景

为页面添加背景可以提升文档美观程度。页面背景分为纯色背景、渐变背景、纹理及图案、图片背景这4种类型。

（1）纯色背景

纯色背景比较常用。在"设计"选项卡中单击"页面颜色"下拉按钮，从列表中选择所需背景色即可，如图6-9所示。若选择"其他颜色"选项，可在"颜色"对话框中选择一款颜色即可，如图6-10所示。

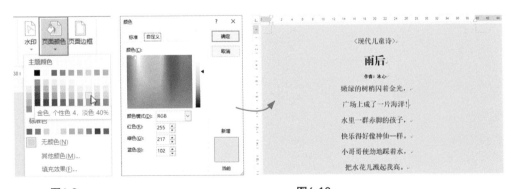

图6-9　　　　　　　　　　　　　　　　　图6-10

（2）渐变背景

如果纯色背景有些单调，那么用户可以尝试使用渐变背景。在"页面颜色"下拉列表中选择"填充效果"选项，在打开的对话框中根据需要设置好渐变类型、渐变颜色和渐变方向，设置完成后单击"确定"按钮即可，如图6-11所示。

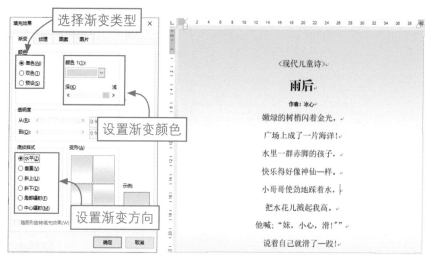

图6-11

（3）纹理及图案

纹理和图案背景比较少用，这类背景一般比较花哨，容易喧宾夺主，影响阅读。如果需要使用这类背景，建议在网上寻找一些比较有质感的纹理图片，其效果要比内置的纹理图案好很多。

打开"填充效果"对话框，单击"其他纹理"按钮，在"选择纹理"对话框中选择纹理图片，单击"插入"按钮即可，如图6-12所示。

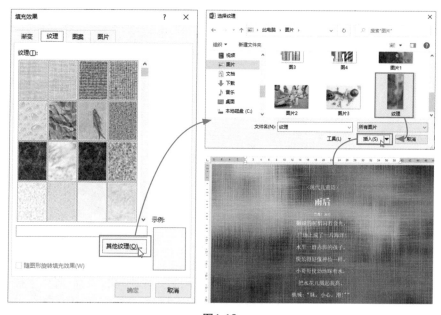

图6-12

（4）图片背景

使用图片背景可以丰富文档内容，迅速增强版式效果。在"填充效果"对话框中选项"图片"选项卡，单击"选择图片"按钮，在打开的"选择图片"对话框中选择要插入的背景图，单击"插入"按钮，返回到上一层对话框，单击"确定"按钮即可完成背景图的添加操作，如图6-13所示。

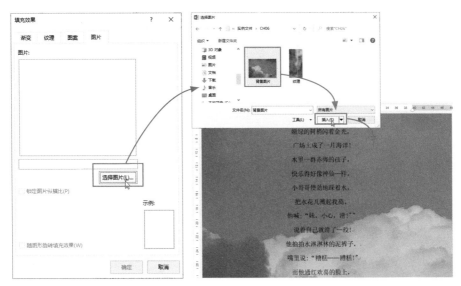

图6-13

利用这种方法设置文档背景，经常会出现图片与页面尺寸不符，导致图片显示不全或出现图片平铺现象。所以，除此方法外，用户还可通过其他方法来操作。

① 利用水印设置背景图片。在"设计"选项卡中单击"水印"下拉按钮，在列表中选择"自定义水印"选项，在"水印"对话框中单击"图片水印"单选按钮，并单击"选择图片"按钮，在打开的对话框中选择背景图片，单击"插入"按钮，返回到上一层对话框，取消"冲蚀"复选框，如图6-14所示。

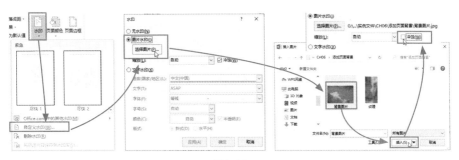

图6-14

　　单击"确定"按钮，返回到文档。此时图片以水印的方式插入文档中。如果需要对图片大小进行调整，则双击文档页眉处，进入页眉编辑状态，选中图片将其调整至页面大小，单击"关闭页眉和页脚"按钮即可退出编辑状态，完成图片背景的插入操作，如图6-15所示。

图6-15

　　② 设置背景图排列方式。将图片直接插入文档中，并将其设为"衬于文字下方"，再将图片调整至页面大小即可，结果如图6-16所示。

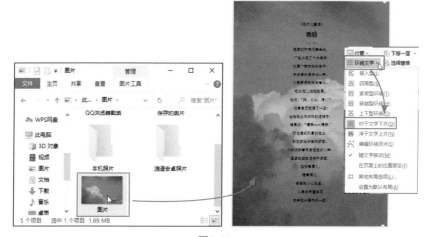

图6-16

 用户在选择背景图片时，需要注意图片大小、方向应与当前页面尺寸相近，图片需要选择高清大图，图片风格应与文档内容相符。而对于一些严谨的办公文档（政府公文、合同、协议等）来说，最好不要添加背景图。

6.2　了解分隔符

利用分隔符可以将文档设置成不同版式效果。Word中的分隔符包含分页符和分节符两种。下面将对这两种分隔符进行简单介绍。

6.2.1　分页符的应用

分页符包含分页符、分栏符和自动换行符。

（1）分页符

分页符可将文档按照指定的位置进行强制分页。默认情况下，当内容填满页面后，系统会将多余的内容自动安排在下一页显示。但如需将文档中某一段落安排至下一页显示，就需要使用分页符了。

例如，如图6-17所示的文档，现需要将当前页面中的"二、发展现状"段落内容安排在下一页显示，那么将光标放置"一、行业概况"段落末尾处，在"布局"选项卡中单击"分隔符"下拉按钮，从列表中选择"分页符"选项，如图6-18所示。

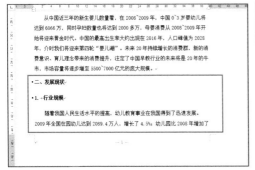

图6-17

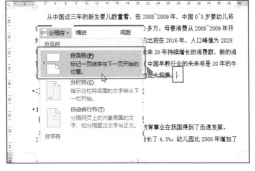

图6-18

此时，在光标所在处会显示出"分页符"标识，并且该分页符以下的内容将移至下一页显示，如图6-19所示。

图6-19

经验之谈

插入分页符后，如果不显示分页符标识，可在"开始"选项卡的"段落"选项组中单击"显示/隐藏编辑标记"按钮即可。

（2）分栏符

分栏符主要用于文档分栏操作。默认情况下，在对文档(或某些段落)进行分栏后，如果效果不理想，那么用户就可使用"分栏符"重新定义分栏的位置。也就是说，插入分栏符后，系统会将分栏符后面的内容安排至下一栏开始显示。

例如，如图6-20所示的分栏文档，现需要将第1页左侧一栏中的"国内早教市场……"内容安排在右栏开始出显示，那么只需将光标放置该内容起始处，在"分隔符"列表中选择"分栏符"选项，如图6-21所示。

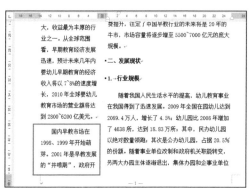

图6-20

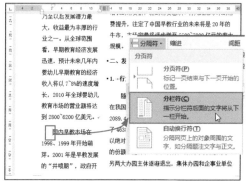

图6-21

在分栏处会显示"分栏符"标识，并且该分栏符以下的内容将移至右栏起始处显示，如图6-22所示。

注意事项 如果对没有分栏的文档添加分栏符，此时的文档只会以"分页"的形式来显示。

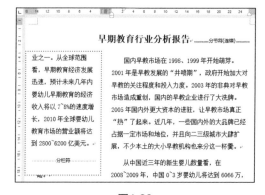

图6-22

（3）自动换行符

自动换行符可将某行文本按照指定的位置进行强制断行。断行后，产生的新行内容仍然是当前段落的一部分。只断行，不分段，其段落格式不改变。

将光标定位至要断行的位置，在"分隔符"列表中选择"自动换行符"选项，如图6-23所示。此时在断行处会显示换行符，断行后的文本将另起一行顶格显示，如图6-24所示。

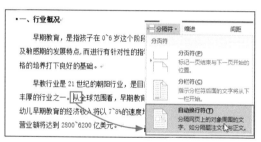

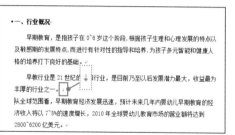

图6-23

图6-24

6.2.2 分节符的应用

分节符可将文档划分出多个区域,用户可对这些区域格式进行单独设置,互不影响,常用于文档分栏、添加页眉页脚、添加页码等操作中。分节符包含"下一页""连续""偶数页"和"奇数页"4种类型。用户可在"分隔符"列表中根据需要选择相应的分节符选项即可,如图6-25所示。

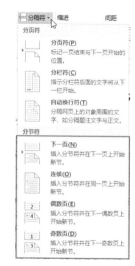

(1)"下一页"分节符

"下一页"分节符用于将文档在指定位置处进行分节,所产生的新节内容会从下一页开始,其效果类似于"分页符"。但这两者有所区别,"下一页"分节符是将文档既分节又分页;而"分页符"仅对文档进行分页。如图6-26所示的是使用了"下一页"分节符的状态,如图6-27所示的是使用了"分页符"的状态。用户可在状态栏中查看当前文档节数与页数。

图6-25

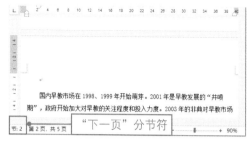

图6-26

图6-27

经验之谈

默认状态栏中是不显示当前文档的节数的,用户需手动调出该值。右击状态栏任意处,在快捷菜单中勾选"节"选项即可,如图6-28所示。

图6-28

（2）"连续"分节符

"连续"分节符用于在文档指定位置进行分节操作，产生的新节内容会另起一行显示。此时，用户如果对第2节内容进行分栏操作，将不会影响第1节的内容，如图6-29所示。

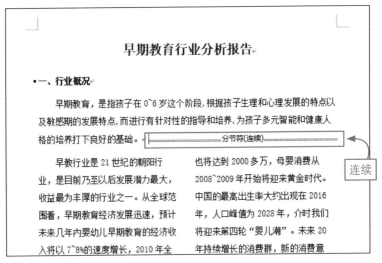

图6-29

（3）"偶数页"分节符

"偶数页"分节符用于将文档进行分节，新节的内容会转至下一个偶数页中显示，系统自动在偶数页之间留出一页，如图6-30所示。

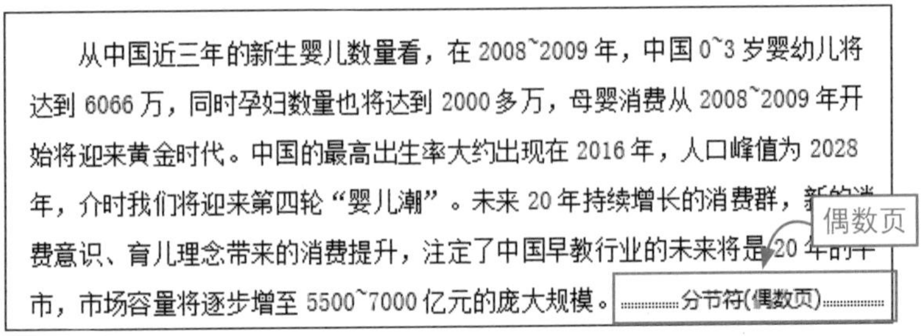

图6-30

（4）"奇数页"分节符

"奇数页"分节符用于将文档进行分节，新节的内容会转至下一个奇数页中显示，系统自动在奇数页之间留出一页，如图6-31所示。

（2）幼儿园与亲子园兼营模式。这种模式是以幼儿园为基地，整合利用原有的品牌、师资、园舍场地、设备设施、课程模式等资源，建立园中亲子园，或在亲子园内开设0~3岁婴幼儿托班。

（3）婴幼儿社区保健早教中心模式。是以社区婴幼儿保健机构为主体，对社区婴幼儿建立健康档案，同早期教育相结合，开展早教活动、亲子活动，开设家长课堂，提高家长的育儿水平。

奇数页

分节符(奇数页)

图6-31

6.2.3　为文档进行分栏

文档分栏可使版面变得丰富。文档默认为单栏显示，用户可在"布局"选项卡中单击"栏"下拉按钮，在其列表中选择分栏的形式即可，如图6-32所示。

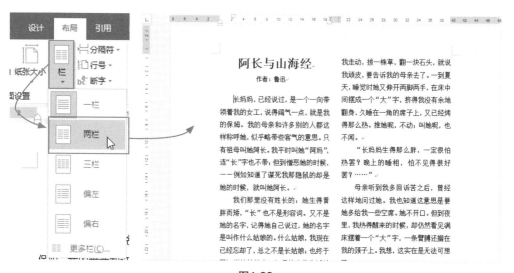

图6-32

在"栏"列表中只显示常规的分栏形式，选择"更多栏"选项，在打开的"栏"对话框中可根据需求进行详细的设置。例如将文档设为3栏不等宽效果，可在该对话框中选择"三栏"，然后取消勾选"栏宽相等"复选框，最后分别设置好每栏的"宽度"值，单击"确定"按钮即可，如图6-33所示。

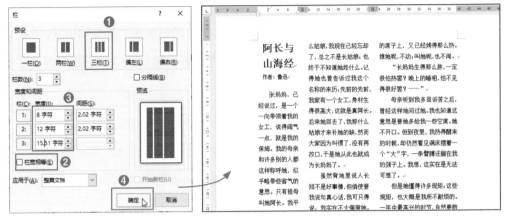

图6-33

以上介绍的是分栏的基本应用。有时为了版面需求，可将文档进行单栏和多栏混排显示，这时就需要使用到分节符功能了。

选择要进行分栏的段落，在"栏"对话框中选择"两栏"选项，并勾选"分隔线"复选框，如图6-34所示。

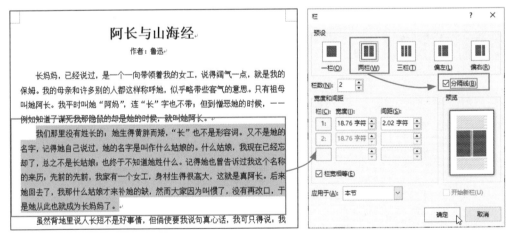

图6-34

设置好后，单击"确定"按钮。此时，被选段落将呈现出两栏效果，并且在该段落前后会自动显示出"连续"分节符标识，说明当前文档被分成3节。除第2节被分栏外，其他两节内容均无变化，如图6-35所示。

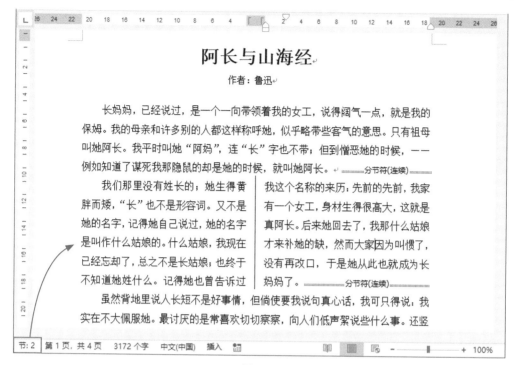

图6-35

6.3　按需打印文档内容

基本的文档打印操作，相信用户都会。但有时会要求进行一些特殊的打印设置，例如只想打印文档中某部分的内容，或者一页打印多页内容等。下面将对这类特殊的打印操作进行介绍，以帮助用户解决一系列打印问题。

6.3.1　打印指定文档内容

默认情况下，单击"打印"按钮后，系统就会对当前文档的所有内容进行打印。如果只想打印某一页或者某一段的内容，那么用户可在"打印"界面的"页数"进行自定义设置即可。

打开"打印"界面，在"页数"方框中输入所需页码，例如输入"4-8"，单击"打印"按钮，如图6-36所示。此时文档的第4~8页内容将依次被打印。

当需要打印不连续页码的内容时，例如只需打印第5页和第7页的内容，可在"页数"方框中输入"5, 7"，页码之间用逗号隔开，单击"打印"按钮即可，如图6-37所示。此时，文档第5页和第7页的内容将被打印出来。如果输入"5, 7-10"，那么系统将对文档第5页、第7页、第8页、第9页和第10页进行打印，如图6-38所示。

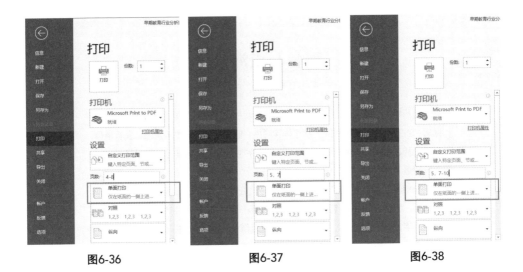

| 图6-36 | 图6-37 | 图6-38 |

在操作时，如果只想打印某一节或某一段落内容，那么就先选中要打印的内容，打开"打印"界面，在"设置"列表中单击"自定义打印范围"下拉按钮，从列表中选择"打印选定区域"选项即可，如图6-39所示。

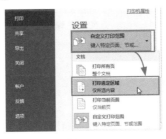

图6-39

6.3.2　在一页中打印多页内容

文档排版后，可将文档打印成小样，好让其他人快速浏览文档，以便审核。这时，用户大可不必一页页地打印，只需将多页内容压缩到一页上进行快速打印。这样既节约了打印时间，又避免了纸张的浪费。

在"打印"界面的"设置"选项中单击"每版打印1页"下拉按钮，在列表中选择所需页数即可，如图6-40所示。

图6-40

6.3.3 双面打印文档

有时为了工作需求,需要将文档进行双面打印。这就需要将文档的奇数页和偶数页分开打印。下面介绍一下具体的操作方法。

在"打印"界面的"设置"选项下单击"打印所有页"下拉按钮,先选择"仅打印奇数页"选项进行打印,如图6-41所示。奇数页打印完成后,将纸张翻面放入打印机中,然后再选择"仅打印偶数页"选项即可,如图6-42所示。

图6-41

图6-42

6.3.4 快速打印长文档

在打印长文档时,系统会按照页码顺序进行打印。如果要打印10份长文档,系统会将第1页打印10份,再将第2页打印10份,以此类推,直到最后一页。打印后,用户还得手动整理文档的顺序,比较麻烦。其实,批量打印这类长文档时,可以手动调整打印顺序。例如先从文档的第1页打印到最后一页,然后重复9遍,这样出来的文档则会是整整齐齐的10份文档。

在"打印"界面的"设置"列表中单击"对照"下拉按钮,从中选择"1, 2, 3"选项即可,如图6-43所示。

图6-43

6.3.5 打印页面背景

当为文档添加背景后，很有可能在打印时，背景无法打印出来，如图6-44所示。遇到这种情况，可通过设置"Word选项"对话框中的相关选项即可打印页面背景。

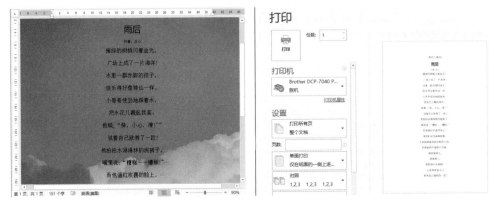

图6-44

打开"Word选项"对话框，选择"显示"选项，在"打印选项"列表中勾选"打印背景色和图像"复选框，单击"确定"按钮即可打印文档背景，如图6-45所示。

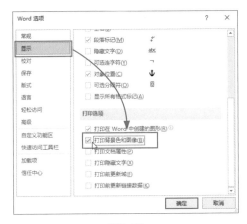

图6-45

拓展练习：编排语文复习资料

为巩固本章所学的知识点，现对语文复习资料的页面布局情况进行设置，例如设置纸张大小、设置页边距、添加背景图片、对文档进行分栏等，如图6-46、图6-47所示的是编排前、后的文档效果。

图6-46

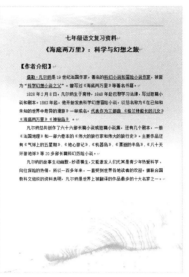

图6-47

Step 01 打开原始文档,并打开"页面设置"对话框,切换到"纸张"选项卡,将"纸张大小"设置为16开,如图6-48所示。

Step 02 切换到"页边距"选项卡,将"上、下、左、右"页边距均设为2,如图6-49所示。

图6-48

图6-49

Step 03 在"设计"选项卡中单击"水印"下拉按钮,在列表中选择"自定义水印"选项,打开"水印"对话框,单击"图片水印"按钮,并单击"选择图片"按钮,如图6-50所示。

Step 04 在打开的对话框中,选择背景图片,单击"插入"按钮,如图6-51所示。

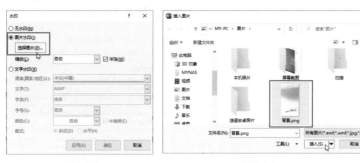

图6-50　　　　　　　　　　　　　　图6-51

Step 05　返回到上一层对话框，取消勾选"冲蚀"复选框，单击"确定"按钮，完成操作，如图6-52所示。

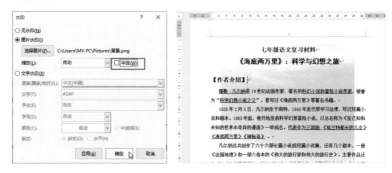

图6-52

Step 06　双击文档页眉处，可进入页眉编辑状态。选中背景图片，按住【Ctrl】键，将其等比放大至整个页面大小，并调整好图片显示的位置，如图6-53所示。

Step 07　单击"关闭页眉和页脚"按钮，退出编辑状态，完成背景图的添加操作，如图6-54所示。

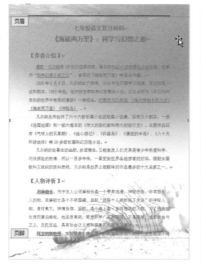

图6-53　　　　　　　　　　　　　　图6-54

Step 08 将光标放置在"人物评析"前，单击"分隔符"下拉按钮，选择"下一页"分节符，将此处内容进行分页显示，如图6-55所示。

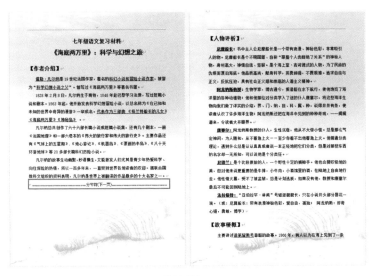

图6-55

Step 09 继续添加"下一页"分节符，将其他小标题均从页首开始显示，如图6-56所示。

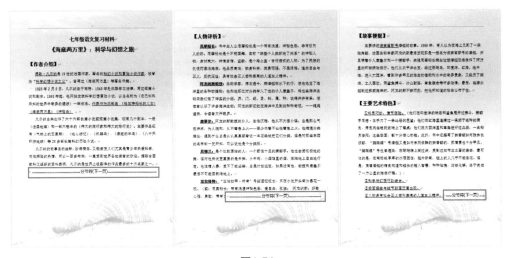

图6-56

Step 10 将光标放置在第2页"尼摩船长"文本前，在"分隔符"列表中选择"连续"选项，在此处添加一个"连续"分节符，如图6-57所示。

Step 11 单击"栏"下拉按钮，从列表中选择"更多栏"选项，打开"栏"对话框，在此选择"两栏"，并将"间距"设为1，单击"确定"按钮，将该段内容进行分栏操作，如图6-58所示。

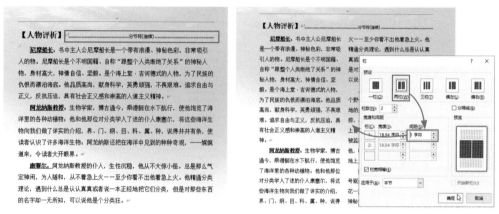

图6-57　　　　　　　　　　　　　　　图6-58

Step 12 将光标放置在该段落的"康赛尔"内容前，在"分隔符"列表中选择"分栏符"选项，将该内容移至右栏起始处显示，如图6-59所示。

Step 13 将光标放置第4页"1.飞逝的巨礁"段落前，将其内容分成两栏显示，栏间距为1，结果如图6-60所示。

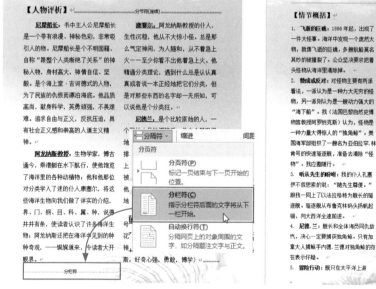

图6-59　　　　　　　　　　　　　　　图6-60

知识地图

本章介绍了页面布局的基本操作以及文档打印的技巧。下面着重对页面设置以及分隔符的相关知识点进行梳理,以加深读者的印象,提高学习效率。

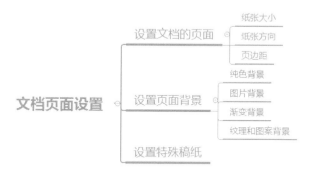

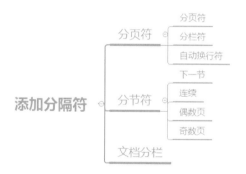

学习笔记

第 7 章

长文档快速
编排秘技

对长文档进行编排是一项技术活，无论是添加页眉页脚还是添加目录等，都需要一定的技巧。本章将介绍一些常用的长文档编排技巧，包括长文档快速定位、页眉和页码的添加、题注及脚注的应用、目录索引项的提取等。

7.1 快速定位所需内容

要在长文档中快速查找到指定的内容，方法有很多种，其中利用导航窗格可以对文档快速定位，该方法已在以前章节中介绍过。此外还可以通过其他方法，例如超链接功能、书签功能、交叉引用功能以及定位功能来操作。

7.1.1 利用超链接快速查看指定内容

通过为所需关键字添加超链接后，用户只需单击该超链接内容即可快速跳转到相应的页面，非常方便。选择所需的文本内容，在"插入"选项卡中单击"链接"按钮打开"插入超链接"对话框，选择"本文档中的位置"选项并在右侧列表中选择目标内容，单击"确定"按钮，如图7-1所示。

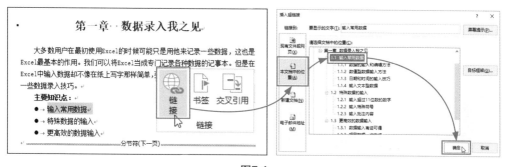

图7-1

设置后，被选中的文本已添加了链接。将光标放置该文本处，系统会显示相应的链接信息，按住【Ctrl】键并单击该文本即可跳转到相应的内容页面，如图7-2所示。

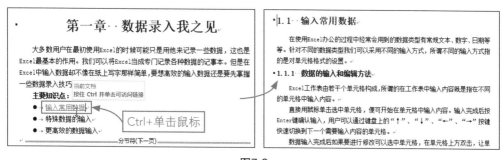

图7-2

 注意事项 使用链接定位的前提是需要为文档各级标题添加级别样式（标题1、标题2、标题3……），否则无法进行链接操作。

7.1.2 利用书签查看指定内容

书签用来标记文档某个范围或位置,方便用户通过书签快速找到所需内容。将光标定位至要标记的位置,在"插入"选项卡中单击"书签"按钮,在打开的对话框中添加书签名称,如图7-3所示。

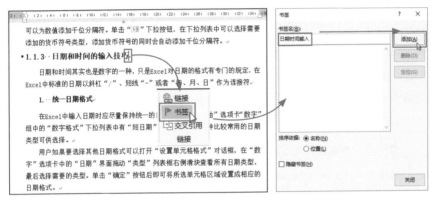

图7-3

当下次打开该文档时,无论光标所在何处,只需打开"书签"对话框,单击"定位"按钮,文档会自动跳转到该书签所在的位置,如图7-4所示。

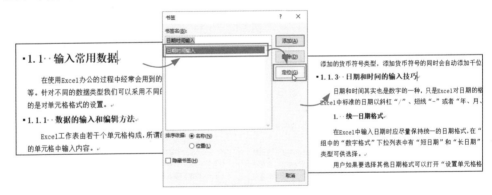

图7-4

在"书签"对话框中选择多余的书签内容,单击"删除"按钮即可删除书签。

7.1.3 利用交叉引用查看指定内容

在对长文档进行编辑时,经常需要引用其他段落内容。例如,"详情请见***内容"或"请参见第*讲内容"。虽然这些引用的文本可以手动输入,但如果引用内容的位置发生了改变,用户还需手动更新。如果使用交叉引用功能后,系统就可以实现自动更新引用内容。

在所需内容后输入引用文本，将光标定位在引用位置，如图7-5所示。

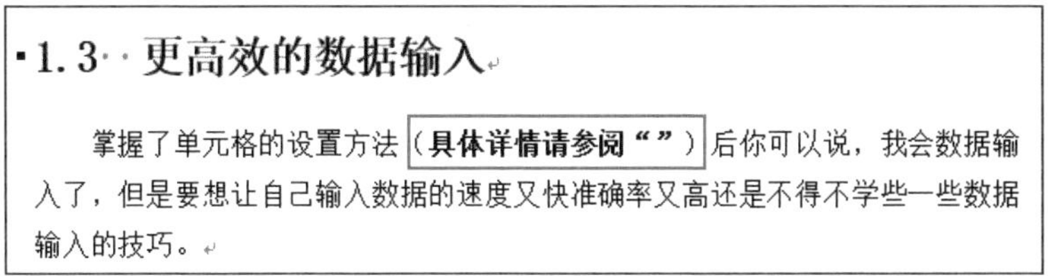

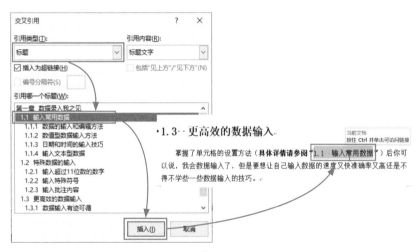

图7-5

在"插入"选项卡中单击"交叉引用"按钮，在打开的对话框中根据需要设置"引用类型"和"引用内容"。这里将"引用类型"设为"标题"，并选择要引用的标题内容，将"引用内容"设为默认的"标题文字"，单击"插入"按钮即可在光标处插入引用内容，如图7-6所示。按【Ctrl】键并单击该引用即可跳转至相应的页面。

图7-6

当引用的内容位置发生了变化，则可右击该交叉引用，在快捷菜单中选择"更新域"选项即可自动更新引用内容，如图7-7所示。

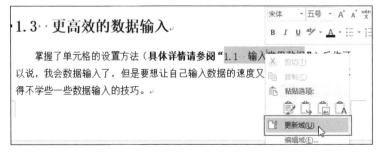

图7-7

7.1.4 利用定位功能查看指定内容

使用"定位"功能可以快速定位到文档中某一页、某一节的内容。在"开始"选项卡中单击"查找"下拉按钮，选择"转到"选项，打开"查找和替换"对话框，在"定位"选项卡中根据需要选择定位的目标，并输入相应的数值，单击"定位"按钮即可迅速跳转到相关内容，如图7-8所示。

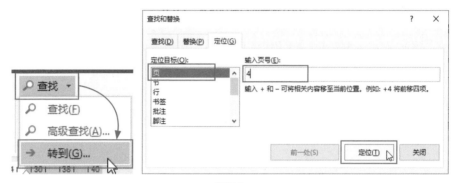

图7-8

按【Ctrl+H】组合键，打开"查找和替换"对话框，切换到"定位"选项卡，同样也可进行定位操作。

7.1.5 巧用大纲视图

利用大纲视图可以轻松地了解到整篇文档的结构和层次，并能够快速查找到所需的内容。在"视图"选项卡中单击"大纲"按钮即可进入大纲视图界面，如图7-9所示。

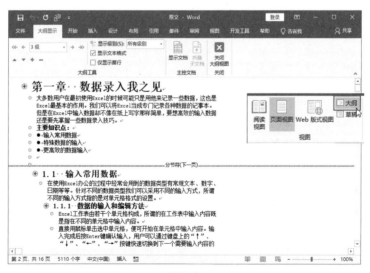

图7-9

大纲视图模式下的文档只显示纯文本，所有图形和图片都不会显示。

在大纲视图中，每一级标题前都会显示⊕按钮，双击该按钮即可隐藏或显示该标题所对应的下一级内容，如图7-10所示。此外，在"大纲显示"选项卡中单击"显示级别"下拉按钮，在其列表中选择要展示的标题级别，也可以控制内容级别的显示，如图7-11所示。

图7-10

图7-11

利用大纲视图可以对标题级别进行设置或更改。在该视图选择所需标题，在"大纲显示"选项卡中单击"大纲级别"下拉按钮，从中选择所需的级别数即可，如图7-12所示。

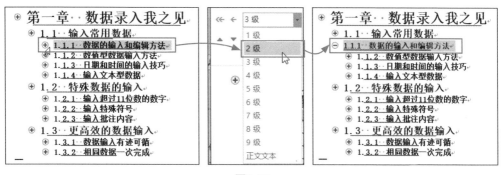

图7-12

经验之谈

有时在文档中添加了各种分节符或分页符，在调整文档时，经常会遇到这些分隔符无法清除的情况，这时，用户就可利用大纲视图进行删除。在大纲视图中会清晰地显示出当前文档中所有分隔符，选中所需分隔符，按【Delete】键即可删除。

7.2 文档的页眉页脚和页码

在文档中添加页眉和页脚是很常见的，文档有了页眉和页脚会显得更加专业。而对于长文档来说，页码的添加很有必要。下面将对页眉、页脚和页码的一些常用技巧进行讲解。

7.2.1 页眉和页脚的基本操作

页眉和页脚分别位于文档的顶端和底端。在页眉区域中，用户可以插入文本内容或图片，一般为公司名称、书稿名称、日期等。

双击页面顶端区域，即可进入页眉编辑状态。在此可输入页眉内容，如图7-13所示。

图7-13

将光标定位至页面底端页脚区域，输入页脚内容。这里可以输入页码，也可以输入其他文本内容，如图7-14所示。

图7-14

在"页眉和页脚工具-设计"选项卡中单击"图片"按钮，在打开的"插入图片"对话框中选择所需图片，即可在页眉或页脚中插入图片，如图7-15所示。在"页眉顶端距离"和"页脚底端距离"方框中可以设置页眉或页脚的边距值，如图7-16所示。

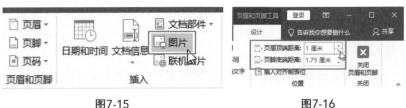

图7-15　　　　　　　　　　**图7-16**

设置完成后，单击"关闭页眉和页脚"按钮，完成页眉页脚的添加操作，如图7-17所示。

图7-17

以上是添加默认样式的页眉或页脚,如果想要添加其他样式页眉页脚,可在"插入"选项卡中单击"页眉"下拉按钮,从列表中选择一款页眉样式即可,如图7-18所示。

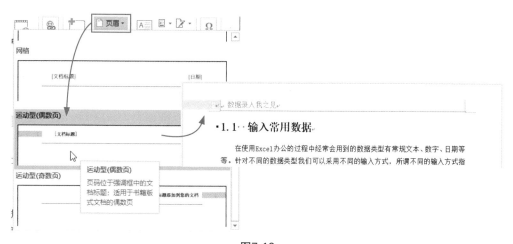

图7-18

在"页眉"列表中选择"删除页眉"选项,可以删除添加的页眉内容。同样在"页脚"列表中选择"删除页脚"选项,可单独删除页脚内容。

7.2.2 创建首页不同的页眉页脚

一般文档首页是不需要显示页眉页脚的,这时用户可双击页眉,进入编辑状态,在"页眉和页脚工具-设计"选项卡中勾选"首页不同"复选框,此时的文档首页将不再显示页眉内容,如图7-19所示。

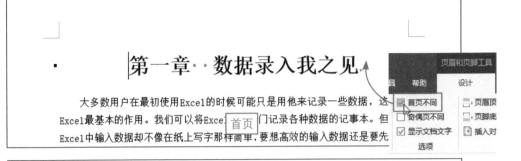

图7-19

7.2.3 创建奇偶页不同的页眉页脚

▶扫一扫 看视频◀

默认情况下，为文档创建页眉页脚后，其内容是一致的。如果想要创建不同的页眉页脚内容，那么用户可使用"奇偶页不同"功能来创建。

例如，将奇数页页眉设为章标题，将偶数页页眉设为书名。双击页眉区域，进入编辑状态，在"页眉和页脚工具-设计"选项卡中勾选"奇偶页不同"复选框，此时页眉信息将会变成"奇数页页眉"字样，如图7-20所示。

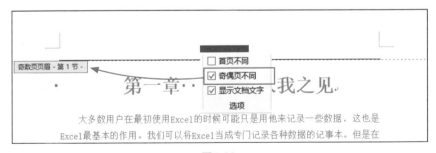

图7-20

在该选项卡中单击"文档信息"下拉按钮，从列表中选择"域"选项，打开"域"对话框，将"类别"设为"链接和引用"，将"域名"设为"StyleRef"，将"样式名"设为"标题1"，如图7-21所示。

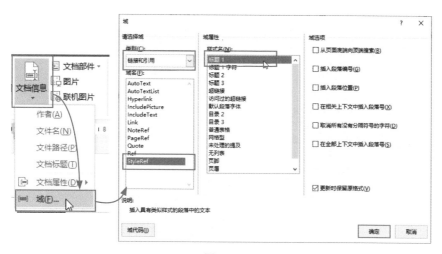

图7-21

设置后，单击“确定”按钮，完成奇数页页眉的添加操作，如图7-22所示。

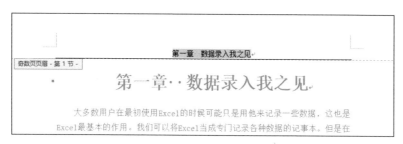

图7-22

> **经验之谈**
>
> 利用插入“域”功能来添加页眉内容后，一旦章名有所变化，其页眉也会随之自动更新，无须用户重新手动输入新章名，非常方便。但需要注意的是，只有章标题应用了标题级别，例如“标题1”级别样式后，该方法才可奏效。

奇数页页眉设置完毕后，将光标移至偶数页页眉处，在此直接输入书名内容，如图7-23所示。

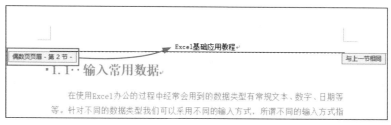

图7-23

单击"关闭页眉和页脚"按钮,完成奇偶页页眉内容的添加操作,结果如图7-24所示。

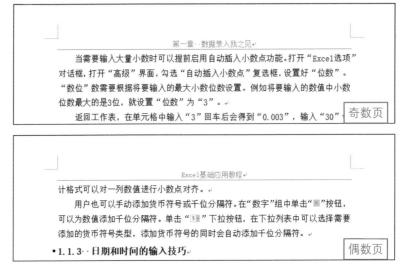

图7-24

7.2.4 删除页眉横线

在删除页眉内容后,经常会发现页眉横线一直无法删除。这时用户可以使用以下两种方法来删除横线。

（1）应用正文样式

双击进入页眉编辑状态,将光标放置于页眉回车符处,在"开始"选项卡的"样式"列表中选择"正文"样式即可删除页眉横线,如图7-25所示。

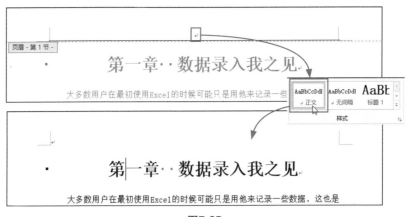

图7-25

（2）设置段落无框线

同样将光标放置于页眉回车符处，在"段落"选项卡中单击"边框"下拉按钮，从列表中选择"无框线"选项即可删除页眉横线，如图7-26所示。

图7-26

7.2.5 页码的基本操作

一般来说，在添加页脚内容时，就可以将页码添加在页脚中。如果对页码样式有特殊要求的话，可单独插入页码。在"插入"选项卡中单击"页码"下拉按钮，在列表中选择好页码位置，例如选择"页面底端"选项，并在其级联菜单中选择页码样式，即可为当前文档添加页码，如图7-27所示。

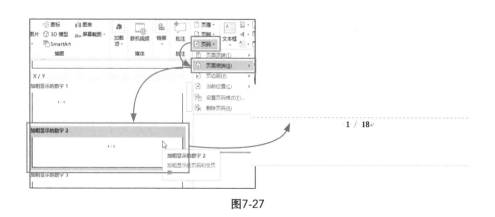

图7-27

在"页眉和页脚工具-设计"选项卡中单击"页码"下拉按钮，在其列表中选择"设置页码格式"选项，在打开的"页码格式"对话框中单击"编号格式"下拉按钮，从中可选择页码格式，如图7-28所示。在该列表中选择"删除页码"选项，即可删除文档页码。

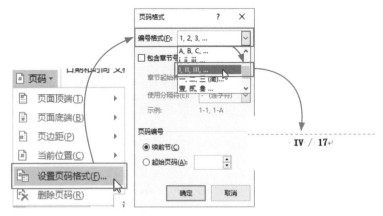

图7-28

7.2.6 从指定页面开始插入页码

插入页码后，文档默认会从首页开始显示页码。如果想要从文档的某一页开始插入页码，就需要使用到分节符了。例如，如图7-29所示的文档，现要求从正文页开始插入页码，那么就先要进行分节操作。

图7-29

将光标定位至正文页的页首处，在"分隔符"列表中选择"下一页"分节符，将文档分为2节，如图7-30所示。

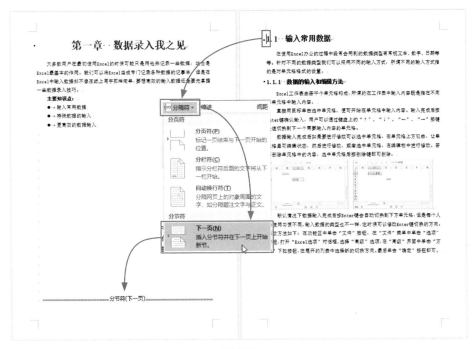

图7-30

双击页脚区域，进入编辑状态，在"页眉和页脚工具-设计"选项卡中单击"页码"下拉按钮，从中选择一款页码样式，为其添加页码，如图7-31所示。

图7-31

此时会发现第1节和第2节的页码相同，并且如果调整第1节的页码位置后，第2节的页码不会受到影响。将光标放置于第2节页码处，在"页眉和页脚工具-设计"选项卡中单击"链接到前一条页眉"选项，将其取消链接（链接状态是以灰色底纹显示），如图7-32所示。

图7-32

设置好后，删除章扉页的页码，而正文页的页码会从"1"开始显示，关闭页眉和页脚编辑状态，即可完成页码的添加操作，如图7-33所示。

图7-33

7.3 题注、脚注与尾注

题注是指对图片、表格、图表进行编号。脚注是指对文档中某个内容进行补充说明，一般位于页面底部。尾注与脚注相似，主要用于列出引文的出处，位于整个文档末尾。下面将对这三组注释功能进行简单介绍。

7.3.1 为图片添加题注

当文档中存在大量的图片，并需要对图片内容进行编号时，可以利用题注功能来操作。选中所需图片，在"引用"选项卡中单击"插入题注"按钮，在打开的"题注"对话框中单击"新建标签"按钮，打开"新建标签"对话框，在"标签"对话框中可以自定义标签内容，例如输入"图"，如图7-34所示。单击"确定"按钮返回到上一层对话框，再次单击"确定"按钮，此时被选中的图片下方已添加相应的题注内容，如图7-35所示。

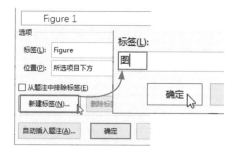

图7-34

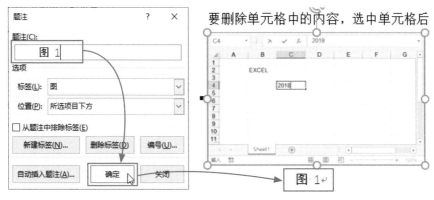

图7-35

接下来，用户可以批量选择其他图片，单击"插入题注"按钮，在打开的对话框中，保持默认设置，单击"确定"按钮，此时，在所选图片下方会自动显示相应的题注内容，如图7-36所示。

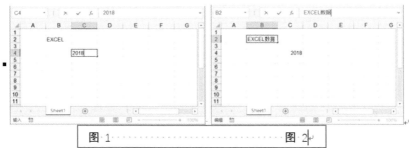

图7-36

题注添加后，如果要删除其中一张图片及题注，那么用户可按【F9】键对其他题注内容进行更新操作，如图7-37所示。

图7-37

👤💬 经验之谈

　　以上介绍的是图片题注的添加操作。在日常工作中，用户也可为表格或图表添加题注，操作方法是一样的，只是在"题注"对话框中根据需要新建"图表"或"表格"标签项即可，如图7-38所示。

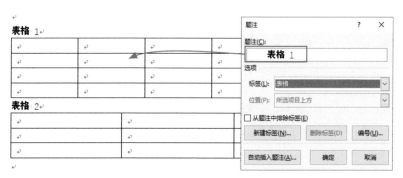

图7-38

7.3.2 题注的自动添加

　　当文档中的图片或表格内容比较多时，用户可以将题注设为自动添加，以避免每次手动添加的麻烦。打开"题注"对话框，单击"自动插入题注"按钮，在打开的对话框中勾选所需的文件类型，这里勾选"Microsoft Word表格"类型，单击"确定"按钮，如图7-39所示。

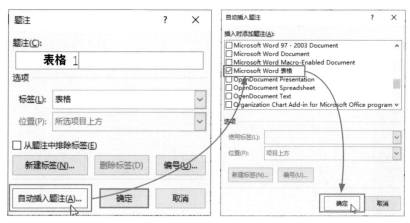

图7-39

　　设置好后，当在文档中插入表格时，系统会为该表格自动添加相应的题注内容，如图7-40所示。

图7-40

在"自动插入题注"对话框的"插入时添加题注"列表中列出了系统所支持的自动插入题注的文件类型，当插入的内容属于该列表中任一文件类型，才能够自动生成题注。另外，图片的类型有很多，只有扩展名为.bmp位图格式的图片，才可自动生成题注。

7.3.3　添加脚注与尾注

脚注与尾注的添加操作相同，区别在于前者位于当前页面底端，后者则位于整个文档末尾处。在文档中选择所需内容，在"引用"选项卡中单击"插入脚注"按钮，此时在被选内容的右上方显示"1"，同时光标自动跳转到页面底端，在此输入要注释的内容即可完成脚注的添加操作，如图7-41所示。

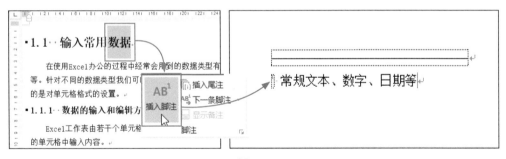

图7-41

将光标移至脚注插入点，在光标附件会显示出相应的注释内容，如图7-42所示。

选择所需文本，在"引用"选项卡中单击"插入尾注"按钮，光标将直接跳转到整个文档末尾处，在此输入注释内容即可，如图7-43所示。

图7-42

图7-43

将光标移至尾注标记处，将会显示出该尾注内容，如图7-44所示。

图7-44

如果想要删除脚注或尾注，只需在正文中删除相应的标记即可。删除方法与删除文字内容是一样的，使用【Backspace】键删除即可。

7.4 自动引用内容

Word引用功能主要包含目录引用、索引项的设置这两项操作。下面将对这两项操作进行简单介绍。

7.4.1 提取文档目录

为长文档添加目录是很有必要的。通过目录，用户可了解文档的大致结构，并可通过单击相关目录内容，直接跳转到相关的内容页。

▶扫一扫 看视频

指定好目录插入点，在"引用"选项卡中单击"目录"下拉按钮，从中选择"自定义目录"选项，如图7-45所示。打开"目录"对话框，根据需要设置 "格式"和"显示级别"，其他选项为默认值，如图7-46所示。

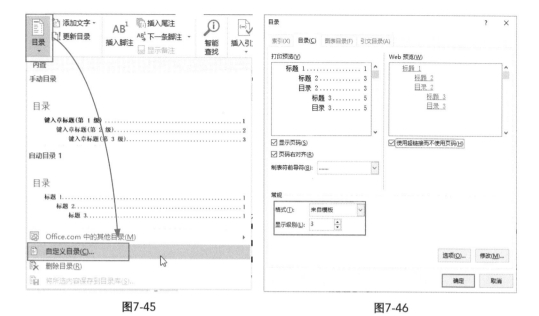

图7-45   图7-46

设置后, 在"打印预览"窗口可查看设置效果, 确认无误后, 单击"确定"按钮即可插入目录内容, 如图7-47所示。

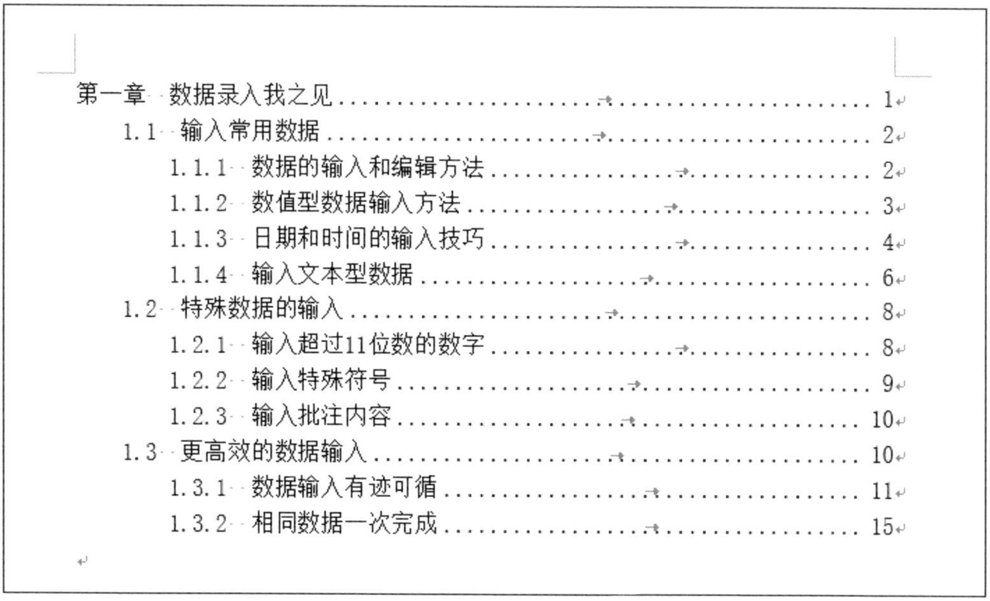

图7-47

添加目录后, 默认是处于链接状态的, 将光标移至目录所需内容上, 按【Ctrl】键, 单击该内容, 系统会自动跳转到相关页面, 如图7-48所示。

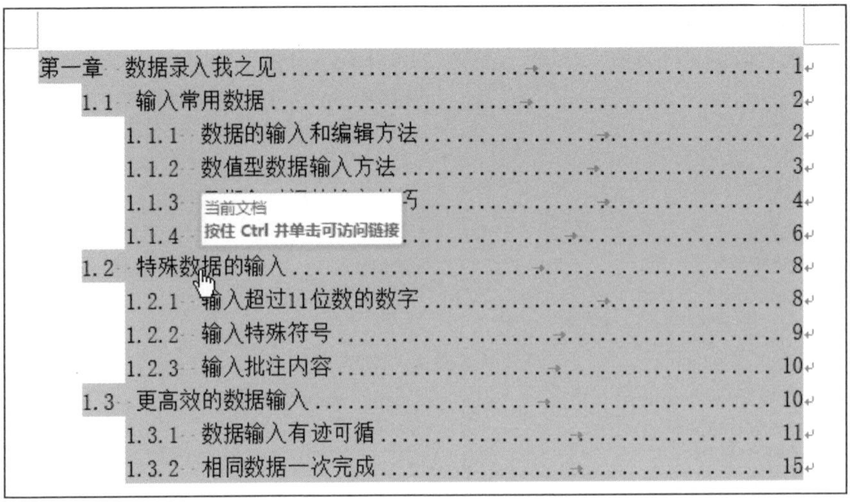

图7-48

　　如果想要取消目录链接，并以正常文本显示的话，可全选目录内容，按【Ctrl+Shift+F9】组合键转换即可。

 注意事项　在生成目录前，用户需要为文档各级标题添加相应的样式才可进行目录的提取操作。

7.4.2　设置目录字体格式

　　如果对目录中的文本格式有特别的要求，用户可对其样式进行自定义设置。在"目录"对话框中单击"修改"按钮，打开"样式"对话框，其中"TOC1"为目录一级标题样式，"TOC2"为目录二级标题样式，以此类推，如图7-49所示。

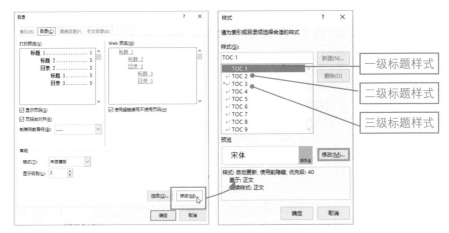

图7-49

在打开的"样式"对话框中选择所要设置的标题样式,这里选择"TOC1"样式,再单击
"修改"按钮,打开"修改样式"对话框,在此对其文本格式进行设置,如图7-50所示。单击
"确定"按钮,返回到上一层对话框,选择其他标题样式,按照以上方式进行设置,如图
7-51所示。

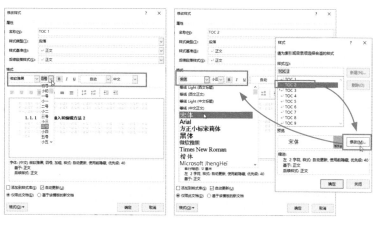

图7-50 图7-51

所有标题样式设置完成后,返回到"目录"对话框,在此可查看到设置的效果,如图
7-52所示。单击"确定"按钮,在打开的提示窗口中单击"确定"按钮,即可替换当前目录样
式,如图7-53所示。

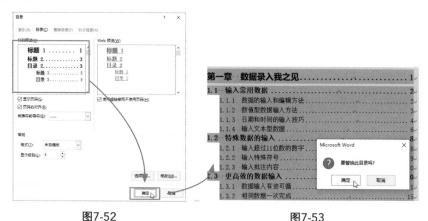

图7-52 图7-53

经验之谈

提取目录后,如果调整了正文内容,导致页码发
生变化,又或者更改文档标题,那么用户只需更新一
下目录即可。在"引用"选项卡中单击"更新目录"按
钮,在打开的对话框中,根据需要选择更新项目,单击
"确定"按钮,如图7-54所示,目录会立即进行更新。

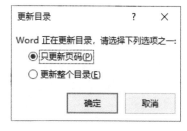

图7-54

7.4.3　创建索引目录

在文档中添加索引目录，可以方便其他人迅速查找到索引内容在文档中的位置。要创建索引目录，首先要在文档中标记出索引内容。选择索引关键字，在"引用"选项卡中单击"标记条目"按钮，打开"标记索引项"对话框，此时在"主索引项"中会显示被选中的内容，单击"标记全部"按钮即可将该内容全部标记出来，如图7-55所示。

图7-55

按照上述同样的方法，可以添加多个索引项。接下来就可以为这些索引项添加目录了。将光标定位至目录插入点，在"引用"选项卡中单击"插入索引"按钮，打开"索引"对话框，勾选"页码右对齐"复选框，单击"确定"按钮，完成索引目录的添加操作，如图7-56所示。

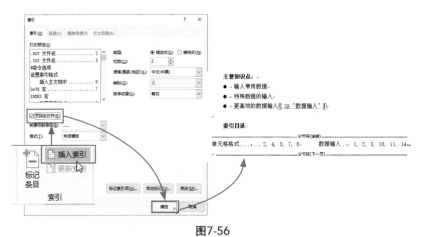

图7-56

7.5　拆分与合并多份文档

对于长文档来说，多个人协作的效率要比一个人的效率高。但多人共同制作一份文档往往会涉及文档的重复拆分与合并操作。这时，用户就可以利用主控文档功能来操作。

7.5.1 拆分文档

既然是多人共同编辑一份书稿，就需要事先策划好每个人所负责的范围。用户可以新建一份空白文档，输入好每人所负责的标题，切换到大纲视图界面，为标题内容设置好大纲级别，如图7-57所示。在"大纲显示"选项卡中单击"显示文档"按钮，将"显示级别"设为"1级"，然后选中所有标题内容，单击"创建"按钮，可将当前文档拆分成3个子文档，并以分节符进行分隔，如图7-58所示。

图7-57

图7-58

保存当前主控文档，此时在主文档所在的位置处会显示3个子文档，同时这些子文档会以相应的标题名称命名，如图7-59所示。设置后关闭文档，双击其中一份子文档进行查看，确认无误后，可将这些文档分发给其他人进行编辑，如图7-60所示。

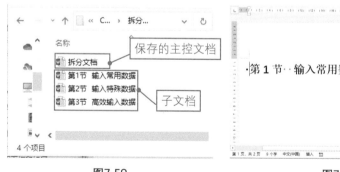

图7-59

图7-60

注意事项　在保存了子文档后，这些文档就不能再改名或移动了。否则，主文档会因找不到子文档而无法显示。

7.5.2　汇总文档

　　所有人编辑完成后，将文档复制粘贴至原来保存的文件夹中，并覆盖同名文件。打开主控文档，此时，该文档会显示所有子文档的链接信息，如图7-61所示。

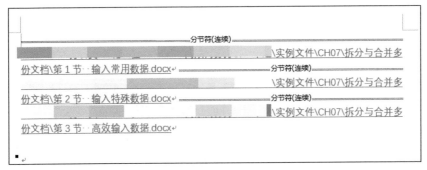

图7-61

　　将主控文档切换到大纲视图，在"主控文档"选项组中单击"展开子文档"按钮，即可显示各子文档的内容，如图7-62所示。接下来，在"视图"选项卡中，单击"页面视图"按钮，即可切换到正常视图界面。在此，可以浏览汇总后的文档效果。确认无误后，按【Ctrl+S】组合键进行保存，如图7-63所示。

图7-62

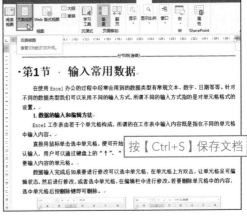

图7-63

7.5.3　转换为普通文档

　　拆分过的主控文档是不会自动显示所有子文档内容的，只有经过转换后才可以。切换到"大纲视图"界面，单击"展开子文档"按钮，展开所有子文档内容。将"显示级别"设为"1级"，全选标题内容，单击"取消链接"按钮。完成后返回到页面视图，按【F12】键另存一份新文档即可完成转换操作，如图7-64所示。

图7-64

以上介绍的是多人共同编辑一份文档，从拆分文档到合并文档的一个过程。如果只是将现有的多份文档合并成一份文档的话，那么用户只需使用插入"对象"功能即可。

新建一份空白文档，在"插入"选项卡中单击"对象"下拉按钮，从中选择"文件中的文字"选项，在打开的"插入文件"对话框中，选择要合并的文件，单击"插入"按钮，如图7-65所示。此时，在新文档中即可显示出所有合并的文档内容，如图7-66所示。

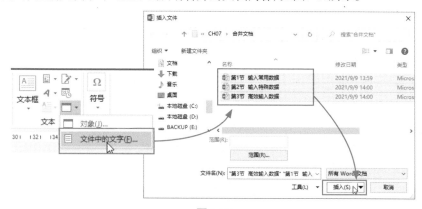

图7-65

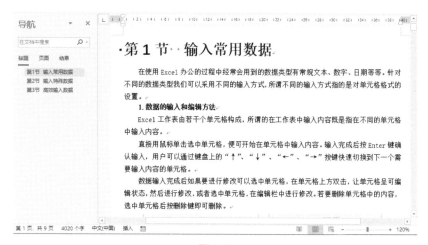

图7-66

拓展练习：编排毕业论文

下面将综合本章所学的知识点，对室内环保设计论文进行编排，包括页眉及页码的添加、题注的添加、目录的添加等，如图7-67、图7-68所示的是论文编排前、后的效果。

图7-67　　　　　　　　　　　　　　图7-68

Step 01 打开论文原始文档。打开"页面设置"对话框，将"上、下、左、右"是页边距设为2，如图7-69所示。

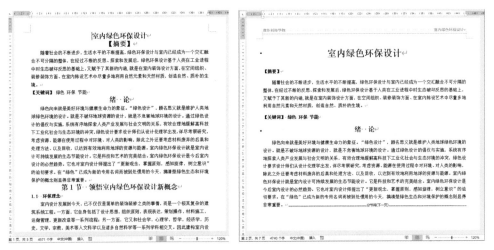

图7-69

Step 02 为论文添加大纲级别。选择论文标题，将它设为"标题1"样式，并调整好样式，如图7-70所示。

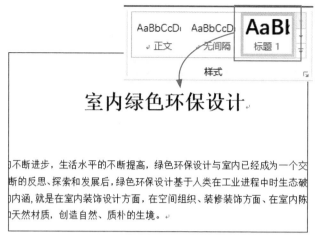

图7-70

Step 03　选择二级标题内容，为其添加"标题2"样式，并修改好样式参数。按照同样的方法，设置三级标题的样式，并应用至三级标题内容上，如图7-71所示。

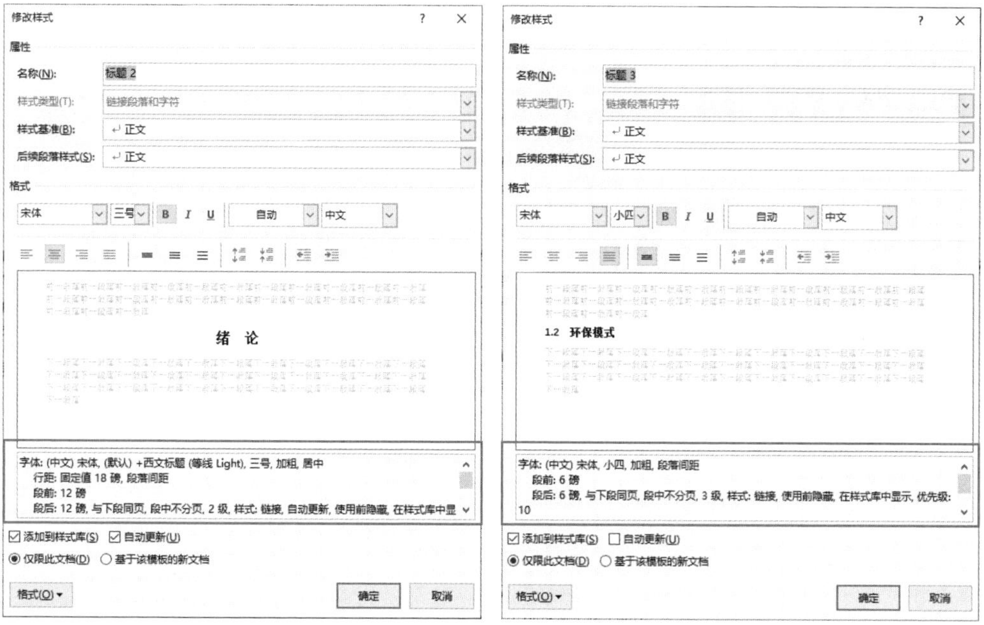

图7-71

Step 04　选择论文中的第1张图片，在"引用"选项卡中单击"插入题注"按钮，在打开的对话框中，将"标签"设为"图"，单击"确定"按钮，为该图片编号，如图7-72所示。

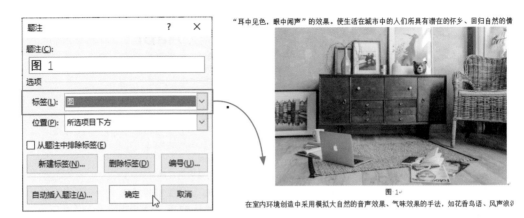

图7-72

Step 05 选中题注内容,将其字体格式与正文格式相统一。选中其余图片,为其添加相应的编号,如图7-73所示。

Step 06 根据图片的编号,在相应的段落中添加文字注释,保持图文相对应,如图7-74所示。

图7-73

图7-74

Step 07 将光标放置在"第1节"标题前,单击"分隔符"下拉按钮,从列表中选择"下一页"分节符,将"第1节"内容移至下一页显示,如图7-75所示。

Step 08 将光标放置在论文标题前,在此添加"下一页"分节符,在标题前插入一张空白页,在光标处按【Enter】键,另起一行,并将光标处的样式设为"正文"样式,如图7-76所示。

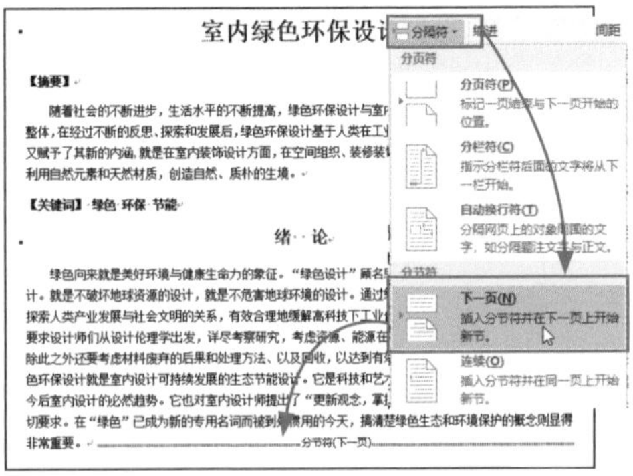

图7-75

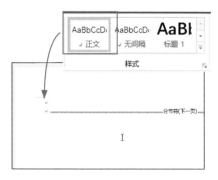

图7-76

Step 09 在“引用”选项卡中单击“目录”下拉按钮，从列表中选择“自定义目录”选项，在打开的对话框中，取消勾选“使用超链接而不使用页码”复选框，并单击“修改”按钮，修改目录内容的格式，如图7-77所示。

图7-77

Step 10 单击“确定”按钮即可完成目录的添加操作，如图7-78所示。

室内绿色环保设计 2
绪 论 2
第 1 节 领悟室内绿色环保设计新概念 3
1.1 环保理念 3
1.2 环保模式 3
1.3 环保目的 3
1.4 环保意义 3
第 2 节 掌握室内绿色环保设计原则 3
2.1 无害化原则 4
2.3 节能化原则 5
第 3 节 室内绿色环保设计离不开绿色植物 6
3.1 绿色计划 6
3.2 绿色植物的选择 6
第 4 节 室内绿色环保设计的艺术与科学 7

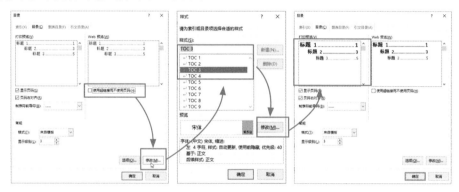

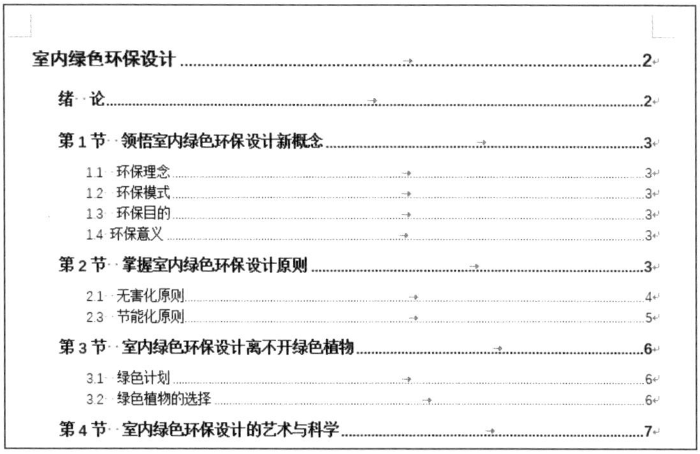

图7-78

Step 11　双击页面的页眉区域，并进入页眉编辑状态，在此输入页眉内容，调整好内容的格式，如图7-79所示。

图7-79

Step 12　调整好文档第2节和第3节的页眉边距，如图7-80所示。

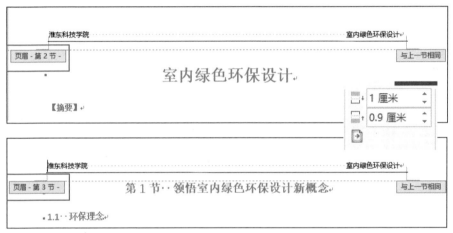

图7-80

Step 13　将光标放置在第2节页眉处，在"页眉和页脚工具-设计"选项卡中，单击"链接到前一条页眉"按钮，将其取消链接，如图7-81所示。

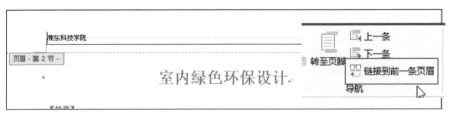

图7-81

Step 14　删除目录页页眉，完成论文页眉的添加操作。接下来添加页码，在"插入"选项卡中单击"页码"下拉按钮，从列表中选择"页面底端"选项，并选择一款页码样式，进入页脚编辑状态，调整好页码的样式，如图7-82所示。

图7-82

Step 15　同样将光标放置在第2页页码处，在"页眉和页码工具-设计"选项卡中单击"页码"下拉按钮，从中选择"设置页码格式"选项，在打开的对话框中将"起始页码"设为1，如图7-83所示。

Step 16　保持光标位置不变，单击"链接到前一条页眉"按钮，取消链接，如图7-84所示。

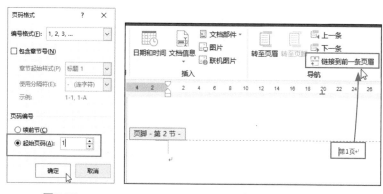

图7-83　　　　　　　　　图7-84

Step 17　删除目录页页码，并退出页脚编辑状态，完成论文页码的添加操作。至此，该论文编排完毕，最终效果如图7-85所示。

图7-85

知识地图

　　本章向用户介绍了几种常见的长文档编辑方法,包括查找指定内容、页眉页码的添加、目录的提取、文档的拆分与合并等。下面着重对页眉、页码以及目录提取的相关知识点进行梳理,以加深读者的印象,提高学习效率。

学习笔记

第 8 章

审阅与修订
不可忽视

Word审阅与修订功能可以跟踪文档所有的修改，了解修改的过程。文档作者也可以根据意见的合理性，有针对性地修改文档。该功能对于团队协作编辑文档很有用。本章将着重对审阅与修订功能的应用进行介绍。

8.1 快速校对文档内容

文档制作完成后，用户可对文档进行基本的校对操作，以便保证文档的正确性。校对操作包含检查文档的拼写和语法、文档的页码与字数的统计等。

8.1.1 拼写和语法的基本操作

默认情况下，在输入文档内容时，系统会直接对其内容进行检查与校对。如果发现错误，会在错误字词下方以波浪线和双横线的方式进行标记，提醒用户该文本的语法或拼写有误，需核实，如图8-1所示。用户更改后，该文本将正常显示，如图8-2所示。

 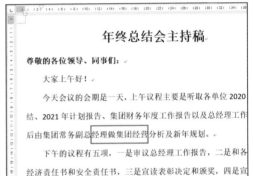

图8-1　　　　　　　　　　　　　　　图8-2

有时，系统会将一些专业术语或一些新兴词语也标注有误，用户核实后，发现确实没有错误，那么可右击该词语，在其右键菜单中选择"忽略一次"选项即可，如图8-3所示。

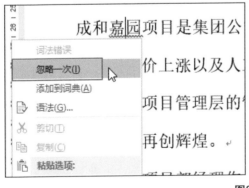 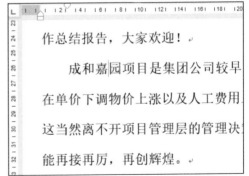

图8-3

用户还可以利用"校对"窗格来对文档进行拼写检查。在"审阅"选项卡中单击"拼写和语法"按钮，打开"校对"窗格。在此，系统会逐个列出当前文档所有校对内容，用户可根据需要有选择地更改内容。如果内容无误，可单击窗格中的"忽略"或"不检查此问题"选项, 系统将依次列出下一个校对内容, 如图8-4所示。

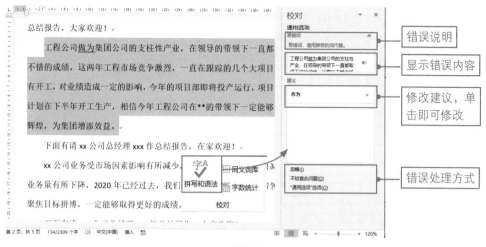

图8-4

8.1.2　统计文档页码与字数

在编写文档时, 如果有字数要求, 那如何能够快速获取字数信息呢? 方法很简单, 在状态栏中会显示出当前文档的一些基本信息, 例如页码、字数等, 如图8-5所示。

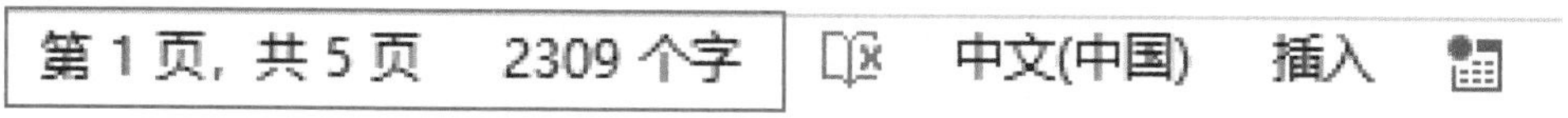

第1页, 共5页　　2309 个字　　中文(中国)　　插入

图8-5

此外, 在"审阅"选项卡中单击"字数统计"按钮, 在打开的对话框中用户可查看到详细的统计信息。例如, 页数、字数、字符数、段落数、行数等, 如图8-6所示。

经验之谈

除了以上两种方法外, 用户还可以通过查看文档属性, 来获取文档的一些相关信息。单击"文件"选项卡, 在"信息"界面右侧"属性"列表中即可查看当前文档的详细信息。

字数统计	? ×
统计信息:	
页数	5
字数	2,309
字符数(不计空格)	2,447
字符数(计空格)	2,447
段落数	38
行	93
非中文单词	65
中文字符和朝鲜语单词	2,244
□ 包括文本框、脚注和尾注(F)	
	关闭

图8-6

8.1.3　快速翻译文档内容

对于英文文档来说，用户可以用"翻译"功能来对不熟悉的单词进行快速翻译。在文档中选择要翻译的英文单词，在"审阅"选项卡中单击"翻译"下拉按钮，在其列表中选择"翻译所选内容"选项，在打开的"翻译工具"窗格中会显示出翻译结果，如图8-7所示。

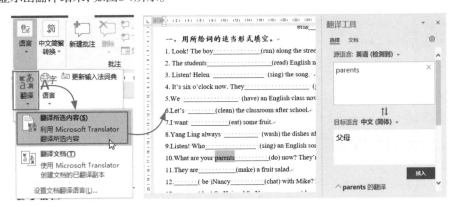

图8-7

在该窗格中单击"目标语言"下拉按钮，在打开的语言列表中，用户可以选择其他语言，如图8-8所示。

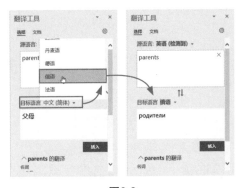

图8-8

8.1.4　了解文档属性信息

在文档信息界面右侧"属性"列表中可显示出当前文档的基本信息，例如文档大小、文档页码、文档字数、编辑时长、创建日期、作者等，如图8-9所示。

单击"属性"下拉按钮，选择"高级属性"选项，打开"属性"对话框，在此，用户可以了解到文档的详细信息，例如文档标题、文档作者、单位信息等，还可以对部分信息内容进行编辑，如图8-10所示。

图8-9   图8-10

8.2 修订文档内容

开启修订模式后，用户在对文档进行修改时，系统会标记下所有修改的过程。文档作者可以根据需要选择是否认可修订内容，以便快速对其内容进行编辑。下面将介绍修订功能的基本应用。

8.2.1 修订文档

默认情况下，修订功能处于关闭状态。当需要对文档进行修订操作时，可在"审阅"选项卡中单击"修订"按钮，使其呈灰色底纹显示，则说明当前文档正处于修订状态，如图8-11所示。

此时，再对文档进行修改，修改的内容会以红色突出显示，并在文档左侧相应的位置显示出修订标记，如图8-12所示。

图8-11

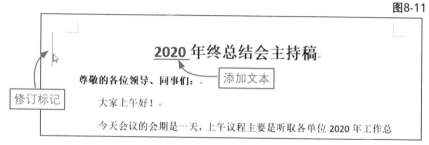

图8-12

单击修订标记，可显示修改后的最终效果，如图8-13所示。

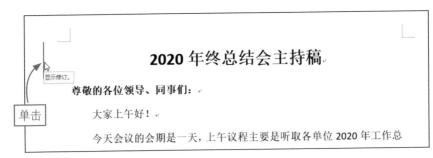

图8-13

用户可以继续对文档进行修订操作。系统默认对添加的内容以下划线显示；对删除的内容以删除线显示；对文本格式进行的修改则会在右侧批注栏中显示相应的格式信息，如图8-14所示。

图8-14

在Word有4种修订显示模式，分别是"简单标记""所有标记""无标记"和"原始版本"，其中"所有标记"为默认显示模式。在"审阅"选项卡的"修订"选项组中单击"显示以供审阅"下拉按钮，从中选择所需的模式即可。如图8-15所示的是"简单标记"模式，该模式只显示修订标记；如图8-16所示的是"无标记"模式，该模式只显示最终修订的结果；而"原始版本"模式则显示修订前的文档效果。

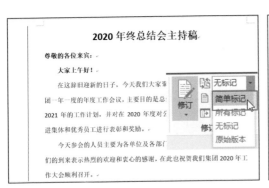

图8-15　　　　　　　　　　　　　　　图8-16

8.2.2 设置修订格式

在实际操作中,用户可以对修订的格式进行自定义操作。例如,设置删除线的颜色、修订线的颜色等。单击"审阅"选项卡的"修订"选项组右侧小箭头,打开"修订选项"对话框,单击"高级选项"按钮,在"高级修订选项"对话框中,根据需要选择相应的选项设置即可,如图8-17所示。

设置修订标记格式,例如,修订线样式、颜色等

设置段落的移动修订格式。当移动段落时,系统会进行跟踪显示

更改文字或段落格式。当格式发生变化时,会在批注栏中显示格式参数

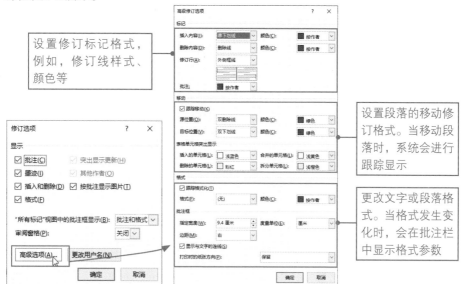

图8-17

8.2.3 接受与拒绝修订

修订完成后,原作者可根据需要接受或拒绝修订的内容。打开修订的文档,在"审阅"选项卡中单击"接受"下拉按钮,从中可选择逐条接受修订,也可一次性接受所有修订,并关闭修订功能,如图8-18所示。

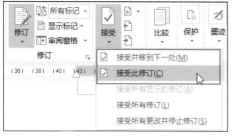

图8-18

注意事项 修订功能开启后,一定要及时关闭才行,否则文档将一直处于修订状态。用户只需再次单击"修订"按钮即可关闭。

相反，如果认为修订的不合理，用户可以拒绝修订。同样在"审阅"选项卡中单击"拒绝并移动到下一条"下拉按钮，在打开的列表中可以选择逐条拒绝，或拒绝全部修订，并关闭修订功能。

接受修订后，文档会以最终修订版本显示，同时取消修订标记。而拒绝修订，文档则以原始版本显示。

8.2.4　合并修订的文档

这里的合并文档与上一章介绍的合并文档不一样。这里的合并文档指的是同一份文档，经过多人更改后，将多个修订版本合并成一份最终版本，这样可以避免用户逐个对照修改的麻烦。下面将以合并两份修订的主持稿为例，来介绍具体的操作。

打开其中一份修订文档，在"审阅"选项卡中单击"比较"下拉按钮，从列表中选择"合并"选项，如图8-19所示。在"合并文档"对话框的"原文档"一栏中单击"文件"按钮，打开对话框，这里选择"修订文档1"，如图8-20所示。

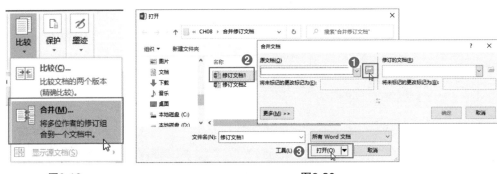

图8-19　　　　　　　　　　　　　　　　　　图8-20

此时"修订文档1"将会加载至"原文档"中。接下来单击"修订的文档"一栏中的"文件"按钮，按照同样的方法，加载"修订文档2"，如图8-21所示。

图8-21

加载完成后单击"确定"按钮，系统会新建一份以"合并结果1"命名的文档。在该文档中用户可看到4个窗口，分别为修订窗格、合并的文档、修订文档1和修订文档2，如图8-22所示。

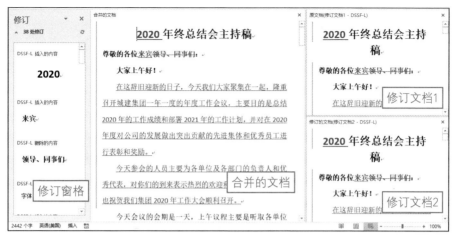

图8-22

在"审阅"选项卡中单击"接受"下拉按钮，从中选择"接受所有更改并停止修订"按钮，此时在"合并的文档"窗格中会显示最终修改结果，如图8-23所示。最后将该文档进行保存，即可完成文档的合并操作。

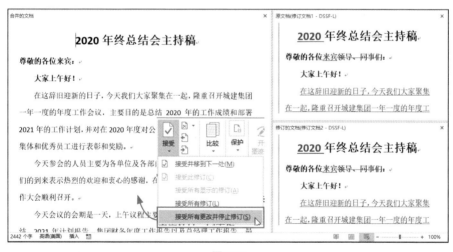

图8-23

比较文档与合并文档操作相似，只是比较功能主要是针对没有开启修订功能的文档进行比较，从而自动生成一个修订的文档，以方便作者与审阅者之间进行很好的沟通操作。在"审阅"选项卡中单击"比较"按钮，在其列表中选择"比较"选项即可进行操作。

8.2.5 批注的创建与删除

对文档进行审阅操作时，除了使用以上修订功能外，还可以使用批注功能来审阅。下面将对批注功能的基本应用进行介绍。

选中要批注的内容，在"审阅"选项卡的"批注"选项组中单击"新建批注"按钮，此时，文档右侧批注栏中会显示新建的批注框，在批注框中输入批注内容即可，如图8-24所示。

图8-24

当原作者根据意见修改内容后，可在"审阅"选项卡中单击"删除"按钮，即可删除该批注。如要批量删除文档所有批注，那就在"删除"列表中选择"删除文档中的所有批注"选项即可，如图8-25所示。

原作者对修改意见有异议，可在批注框中单击"答复"按钮，并输入自己的建议即可，如图8-26所示。

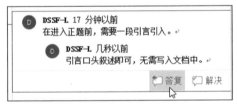

图8-25   图8-26

8.3 对文档设置保护措施

文档制作完成后，为了防止别人查看或篡改一些重要的文档，用户可为这些文档设置相应的保护措施，例如，设置文档编辑权限、更改阅读模式、设置加密保护等。

8.3.1 对部分内容设置编辑权限

利用"限制编辑"功能可以对文档部分内容进行保护。也就是说，文档中只有被设置的区域可以进行修改编辑，其他内容均无法编辑。下

面就来介绍具体设置操作。

在"审阅"选项卡中单击"限制编辑"按钮,打开同名设置窗格,勾选"仅允许在文档中进行此类型的编辑"复选框,保持"不允许任何更改(只读)"选择状态,如图8-27所示。

选中文档所需内容区域,在"限制编辑"窗格中勾选"例外项"下方的"每个人"复选框,此时文档被选中的区域将会以灰色突出显示,如图8-28所示。

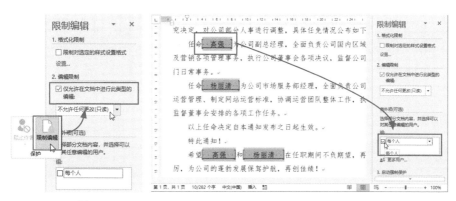

图8-27   图8-28

在"限制编辑"窗格中单击"是,启动强制保护"按钮,在打开的同名对话框中输入密码(123),并确认密码,如图8-29所示。

设置完成后,该文档带黄色底纹区域中的内容是可以进行编辑或修改的,其他区域将无法更改,如图8-30所示。

图8-29

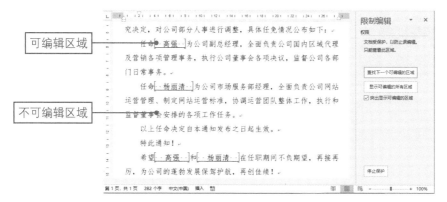

可编辑区域

不可编辑区域

图8-30

经验之谈

　　若要取消限制编辑,则在"限制编辑"窗格中单击"停止保护"按钮,在打开的"取消保护"对话框中,输入密码即可,如图8-31所示。

图8-31

8.3.2　设置自动修订文档状态

　　一般只要开启了文档修订功能,一旦对文档进行了修改,就会以修订状态进行显示。如果没有开启修订功能,如何才能够让文档自动处于修订状态呢? 方法很简单,还是利用"限制编辑"功能来操作即可。

　　打开"限制编辑"窗格,同样勾选"仅允许在文档中进行此类型的编辑"复选框,并在其列表中选择"修订"选项,单击"是,启动强制保护"按钮,再设置好密码(123)即可,如图8-32所示。

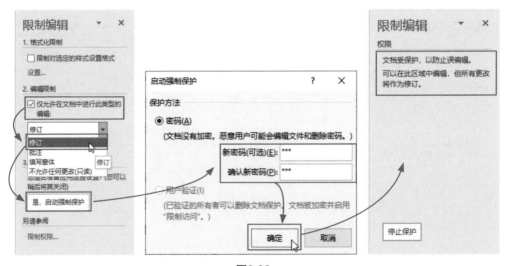

图8-32

　　此时,一旦对文档内容进行变更,其变更内容会以修订标记来显示,如图8-33所示。

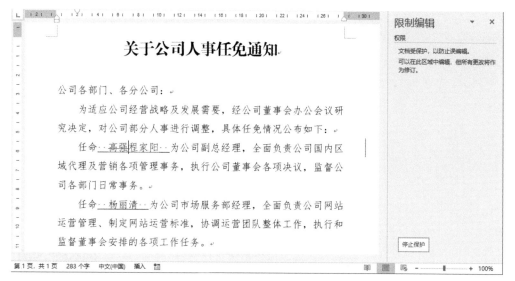

图8-33

单击"停止保护"按钮，取消文档保护后，用户则可启动"接受"或"拒绝"功能来处理修订的内容。

8.3.3　以只读模式打开文档

在对某文档内容进行修改后，不能直接保存，只能将文档另存为时，则说明该文档处于只读模式。该模式是为了保护原文档不被修改或编辑。

在"文件"列表中选择"打开"选项卡，在"打开"对话框中选择所需文档，单击"打开"右侧下拉按钮，从列表中选择"以只读方式打开"选项。此时，在该文档标题处会显示出"只读"二字，如图8-34所示。

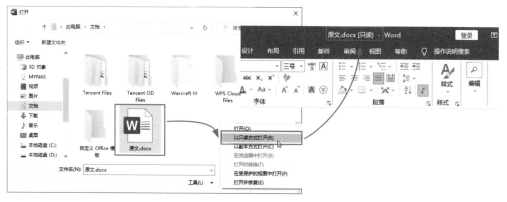

图8-34

当对文档编辑后，单击"保存"按钮，系统会自动打开"另存为"对话框，提醒用户以新名称保存该文档或保存在其他位置，如图8-35所示。

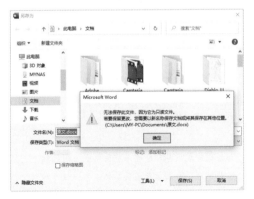

图8-35

▶扫一扫 看视频◀

8.3.4 为文档进行加密保护

如果不想让其他人查看文档内容，可以为该文档设置加密保护。这样，只有知道密码的人才可以打开该文档。

在"文件"列表中选择"信息"选项，打开"信息"界面，单击"保护文档"下拉按钮，从列表中选择"用密码进行加密"选项，如图8-36所示。在"加密文档"对话框中输入密码（123），然后在"确认密码"对话框中重新输入一次密码，单击"确定"按钮，如图8-37所示。

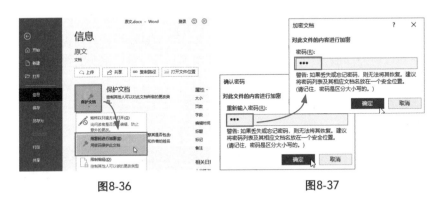

图8-36   图8-37

设置好后，将该文档进行保存操作。当下次打开该文档时，系统会打开"密码"对话框，在此只有输入正确密码后才能够打开文档，如图8-38所示。

此外，用户还可以使用"另存为"对话框中的"工具"选项进行加密操作。打开"另存为"对话框，设置好保存位置及文件名，单击"工具"下拉按钮，从列表中选择"常规选项"，如图

图8-38

8-39所示。

在打开的同名对话框中, 在"打开文件时的密码"方框中输入密码, 单击"确定"按钮, 在打开的"确认密码"对话框中再次输入密码, 单击"确定"按钮, 完成加密操作, 如图8-40所示。

图8-39

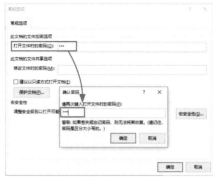

图8-40

想要取消文档的加密操作, 需先使用密码打开文档, 然后单击"文件"选项卡, 切换到"信息"界面, 再次单击"保护文档"下拉按钮, 选择"用密码进行加密"选项, 在打开的对话框中, 删除密码, 并进行保存即可, 如图8-41所示。

图8-41

> **经验之谈**
>
> 以上介绍的是需要密码才能打开文档。如果需要将文档设置为可以查看, 但不能编辑的话, 可以在"常规选项"对话框中选择"修改文件时的密码"选项, 在此输入密码即可。当下次打开该文档时, 系统同样会打开"密码"对话框, 单击"只读"按钮可打开文档, 但无法对文档进行编辑操作, 如图8-42所示。

图8-42

8.3.5 将文档输出为 PDF 格式

将文档保存为PDF格式文件后，用户可以对文档进行查看，但不能进行编辑操作。PDF文件无论是在Windows还是在Mac OS操作系统中都是通用格式，它不会因为操作系统或软件版本的不同，而造成版式变化。如要将文档发送给他人浏览，最合适的保存格式则为PDF格式。

打开所需文档，在"文件"列表中选择"导出"选项，在"导出"界面中直接单击"创建PDF/XPS"按钮，如图8-43所示。

图8-43

在打开的"另存为"对话框中设置好保存位置及文件名，单击"发布"按钮即可完成操作，此时文档将会以PDF文件格式打开，如图8-44所示。

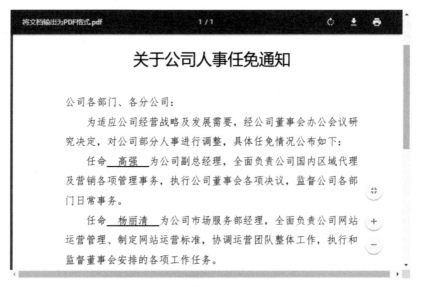

图8-44

拓展练习：审阅股权转让合同

下面将综合本章所学的知识，对一份股权转让合同进行修改并设置保护措施，其中涉及的相关功能有：合同校对、合同修订、对合同进行限制编辑等，如图8-45、图8-46所示的是修订前、后的效果。

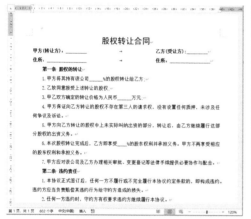

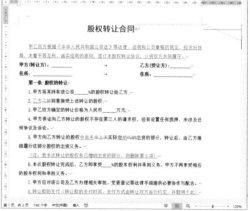

图8-45　　　　　　　　　　　　　图8-46

Step 01 打开原始文档，在"审阅"选项卡中单击"拼写和语法"按钮，打开"校对"窗格，根据窗格中显示的纠错信息，在文档中进行修改，如图8-47所示。

Step 02 修改后，在窗格中单击"继续"按钮，可逐一显示其他纠错信息。用户需在文档中逐一进行修改，直到校对结束，如图8-48所示。

图8-47　　　　　　　　　　　　　图8-48

Step 03 在"审阅"选项卡中启动"修订"功能，将文档处于修订状态，为合同添加一段引言，如图8-49所示。

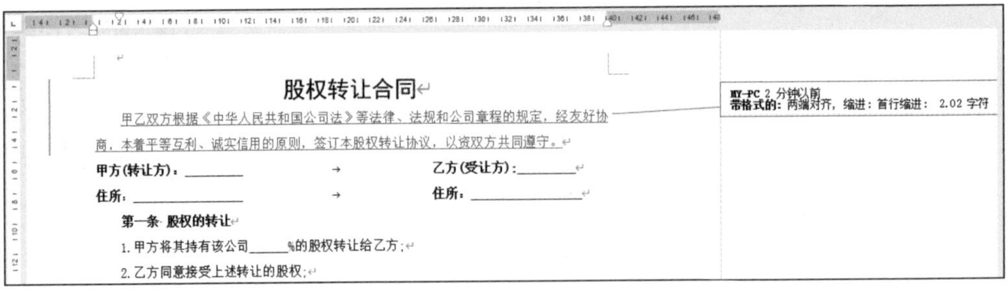

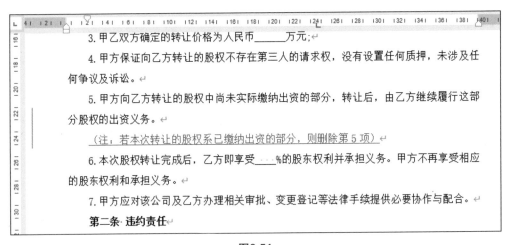

图8-49

Step 04 修订合同标题格式。将其"段后"值设为1.5行，如图8-50所示。

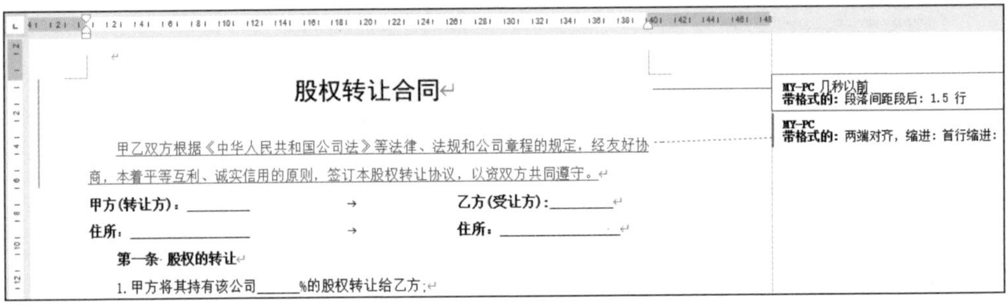

图8-50

Step 05 修订合同内容。将光标定位至所需位置处，添加相应的合同内容，如图8-51所示。

图8-51

Step 06 添加批注。将光标放置在"第一条"末尾处，按【Enter】键另起一行。在"插入"选项卡中单击"批注"按钮，为其添加批注内容，如图8-52所示。

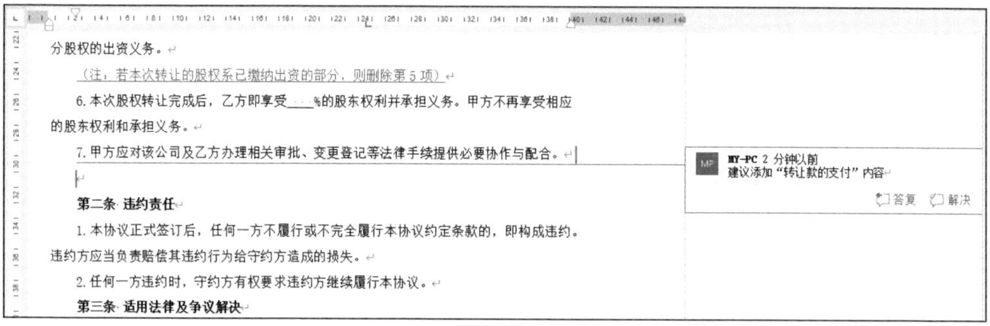

分股权的出资义务。

(注：若本次转让的股权系已缴纳出资的部分，则删除第 5 项)

6.本次股权转让完成后，乙方即享受____%的股东权利并承担义务。甲方不再享受相应的股东权利和承担义务。

7.甲方应对该公司及乙方办理相关审批、变更登记等法律手续提供必要协作与配合。

第二条 违约责任

1.本协议正式签订后，任何一方不履行或不完全履行本协议约定条款的，即构成违约。违约方应当负责赔偿其违约行为给守约方造成的损失。

2.任何一方违约时，守约方有权要求违约方继续履行本协议。

第三条 适用法律及争议解决

> MY-PC 2 分钟以前
> 建议添加"转让款的支付"内容
> ↺ 答复 ☑ 解决

图8-52

Step 07 在"审阅"选项卡中单击"接受"下拉按钮，从中选择"接受所有更改并停止修订"选项，接受所有修订，并关闭修订功能。同时，添加批注中的相关内容，并删除该批注，结果如图8-53所示。

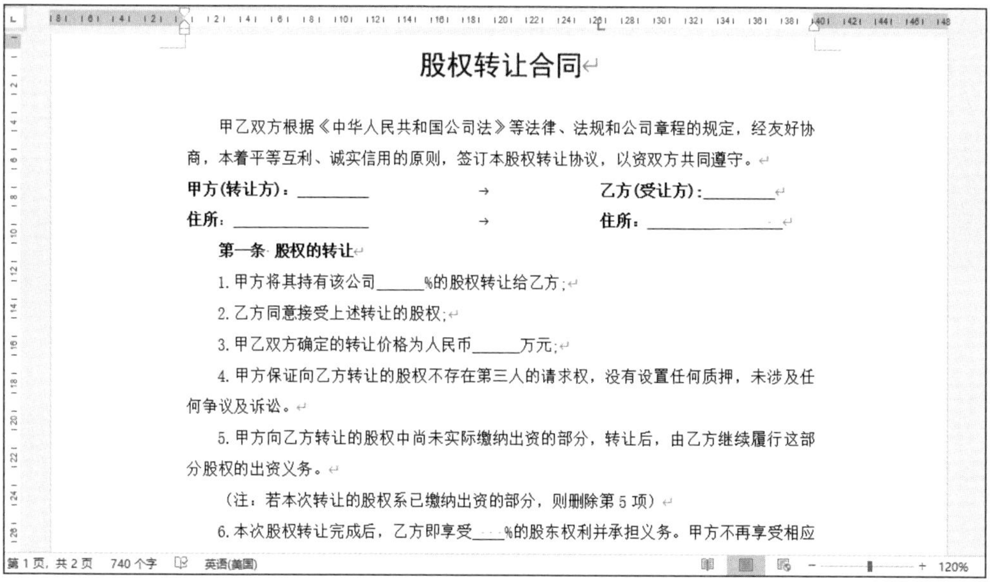

股权转让合同

甲乙双方根据《中华人民共和国公司法》等法律、法规和公司章程的规定，经友好协商，本着平等互利、诚实信用的原则，签订本股权转让协议，以资双方共同遵守。

甲方(转让方)：_____　　　　　　　　乙方(受让方)：_____

住所：_____　　　　　　　　　　　　住所：_____

第一条 股权的转让

1.甲方将其持有该公司_____%的股权转让给乙方；

2.乙方同意接受上述转让的股权；

3.甲乙双方确定的转让价格为人民币_____万元；

4.甲方保证向乙方转让的股权不存在第三人的请求权，没有设置任何质押，未涉及任何争议及诉讼。

5.甲方向乙方转让的股权中尚未实际缴纳出资的部分，转让后，由乙方继续履行这部分股权的出资义务。

(注：若本次转让的股权系已缴纳出资的部分，则删除第 5 项)

6.本次股权转让完成后，乙方即享受____%的股东权利并承担义务。甲方不再享受相应

第 1 页，共 2 页　740 个字　英语(美国)　　120%

图8-53

Step 08 在"审阅"选项卡中单击"限制编辑"按钮，打开相应的设置窗格，勾选"仅允许在文档中进行此类型的编辑"复选框，并在其列表中选择"不允许任何更改（只读）"选项，如图8-54所示。

Step 09 在合同文档中选择需要填写的内容区域，在"限制编辑"窗格中勾选"例外项"下方的"每个人"复选框，此时文档被选中的区域将会以灰色突出显示，如图8-55所示。

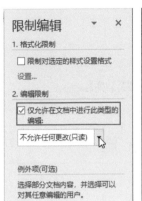

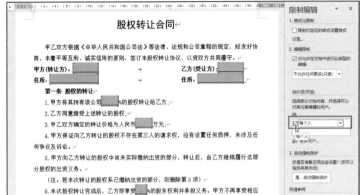

图8-54　　　　　　　　　　　　　　　　　图8-55

Step 10　在窗格中单击"是，启动强制保护"按钮，在打开的同名对话框中，输入保护密码（123），并确认密码，如图8-56所示。

Step 11　设置后，保存好该文档。此时文档中黄色底纹区域是可编辑区，其他区域内容将无法更改，如图8-57所示。

至此，合同内容修改完成。

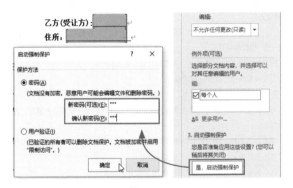

图8-56

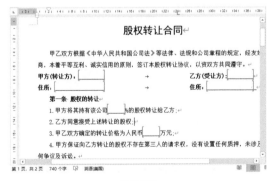

图8-57

知识地图

本章主要向用户介绍了如何审阅、修订文档,以及如何对文档进行保护操作。下面着重对文档的修订以及文档保护的相关知识点进行梳理,以加深读者的印象,提高学习效率。

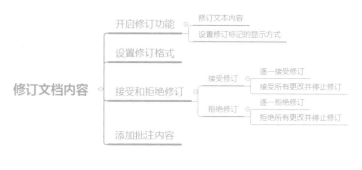

学习笔记

第9章

让查找与替换
无所不能

查找与替换是Word中较为重要的功能。利用该功能可以
快速地替换文档内容，例如批量替换文档错误内容、替换文本
格式、替换段落样式、批量删除文档图片等。本章将对查找和
替换的基本应用以及一些替换技巧进行详细的介绍。

9.1 了解各类格式标记

从网上下载的文档经常会带有各种标记, 例如 " "" → "" ↓ "等。只有认识这些标记, 才能够顺利地进行替换或删除操作。

9.1.1 普通格式标记

如图9-1所示的是网上下载的文章, 在文章中重复出现各种格式标记, 如果用户不了解这些标记的含义, 只能挨个手动删除或调整, 效率必定不高。

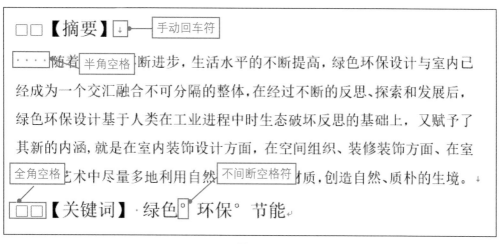

图9-1

● **手动回车符:** 一种换行符号, 又叫软回车。在段落中出现该标记, 则标记后的内容换行, 不分段, 仍然在一个段落中。

● **半角空格:** 在半角状态下输入的空格。一个半角空格占一个字符的位置。

● **全角空格:** 在全角状态下输入的空格。一个全角空格占两个字符的位置。

● **不间断空格符:** 指用来防止行尾单词间断所输入的空格。这种情况经常发生在输入英文时。为了不让行尾英文词组断开显示, 就会利用不间断空格符来替换普通空格。

一般这些格式标记在打印时是不显示的, 但如果大量出现在文档中, 势必会影响到文档的排版操作。在操作时, 应尽可能地将多余的标记符删除。下面就以调整《消防安全管理制度》文档为例, 来介绍如何快速替换多余的格式标记。

首先, 将全角空格替换成半角空格。打开原始文档, 在 "开始" 选项卡中单击 "替换" 按钮, 打开 "查找和替换" 对话框, 将全角空格复制到 "查找内容" 方框中, 将 "替换为" 方框中按1次空格键, 如图9-2所示。

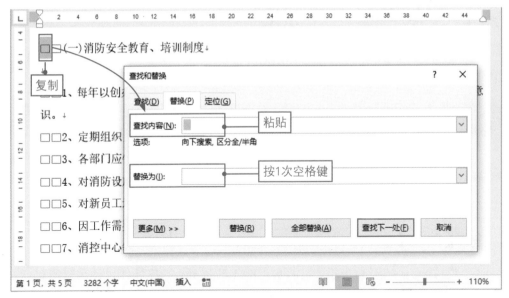

图9-2

　　单击"全部替换"按钮，在打开的替换结果窗口中会显示出替换的数量，单击"是"按钮，即可将所有全角空格都替换成半角空格，如图9-3所示。

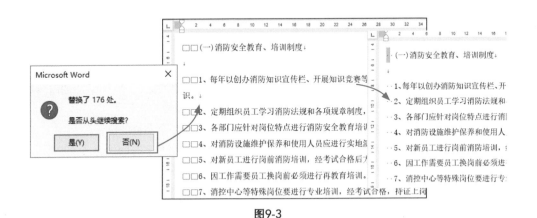

图9-3

　　接下来，替换软回车。打开"查找和替换"对话框，将光标定位至"查找内容"方框中，单击"更多"按钮，在展开的列表中单击"特殊格式"按钮，从列表中选择"手动换行符"选项，此时，光标处会显示"^l"标记，如图9-4所示。

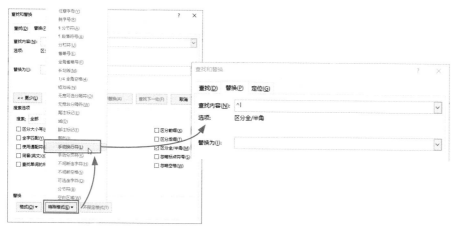

图9-4

将光标放置在"替换为"方框中，单击"特殊格式"按钮，在其列表中选择"段落标记"选项，此时，在光标处会显示"^p"标记，单击"全部替换"按钮即可，如图9-5所示。

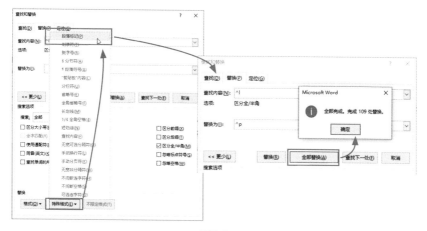

图9-5

此时，文档中所有软回车都已替换成回车符，如图9-6所示。

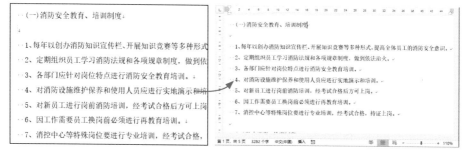

图9-6

最后，批量删除文档中的空行。打开"查找和替换"对话框，将光标定位至"查找内容"中，在"特殊格式"列表中选择"段落标记"，重复再选一次，显示出两个段落标记（^p^p）。将"替换为"中按照同样的操作，添加一个段落标记，并单击"全部替换"按钮，即可删除多余的空行，如图9-7所示。

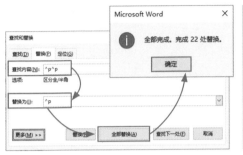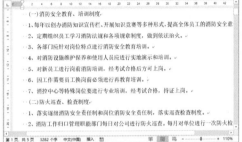

图9-7

9.1.2 格式标记符号代码

在以上案例中，虽然是替换文档中的格式标记，但在具体操作过程中，使用的却是标记代码，例如"^|"为手动换行符；"^p"为段落标记。所以只认识格式标记，而不会应用其代码，操作起来还是比较麻烦的。当然，这些标记代码不需要用户去记。在"查找和替换"对话框的"特殊格式"列表中就已将常用的代码归纳在一起了，使用时只需选中相应的代码即可，如图9-8所示。

段落标记(P)	1/4 全角空格(4)
制表符(T)	短划线(N)
任意字符(C)	无宽可选分隔符(O)
任意数字(G)	无宽非分隔符(W)
任意字母(Y)	尾注标记(E)
脱字号(R)	域(D)
§ 分节符(A)	脚注标记(F)
¶ 段落符号(A)	图形(I)
分栏符(U)	手动换行符(L)
省略号(E)	手动分页符(K)
全角省略号(F)	不间断连字符(H)
长划线(M)	不间断空格(S)
	可选字符(O)
	分节符(B)
	空白区域(W)

图9-8

9.2 查找与替换的基本应用

利用查找功能可以将文档中所需的文本快速突显出来，而利用替换功能可以将这些突显的文本批量替换成新文本、新格式等。两者结合，工作效率将会大幅提升。

9.2.1 查找内容

在文档中想要快速找到某个关键字或词，可使用"查找"功能来操作。例如，在如图9-9所示的文档中快速查找到"结构"关键词，只需在"开始"选项卡中单击"查找"按钮，打开"导航"窗格，在搜索栏中输入"结构"字样，此时，在窗格中会立刻显示出查找结果，并且在正文中会用黄色底纹突出显示关键字，如图9-10所示。

图9-9

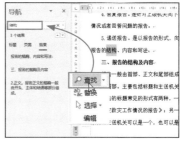

图9-10

利用导航窗格可以查找一些文本、词组等内容，如果在操作中需要查找文档中的特殊字符，例如手动换行符，这时就需要使用"高级查找"功能来操作。

在"查找"下拉列表中选择"高级查找"选项，打开"查找和替换"对话框，将光标定位至"查找内容"方框中，单击"更多"按钮，在展开的列表中单击"特殊格式"按钮，选择"手动换行符"选项，此时在光标处则会显示该字符相应的代码"^|"，如图9-11所示。

单击"阅读突出显示"下拉按钮，选择"全部突出显示"选项，然后单击"在以下项中查找"下拉按钮，选择"主文档"选项，如图9-12所示。此时，在当前文档中即可查看到搜索结果，如图9-13所示。

图9-11

图9-12

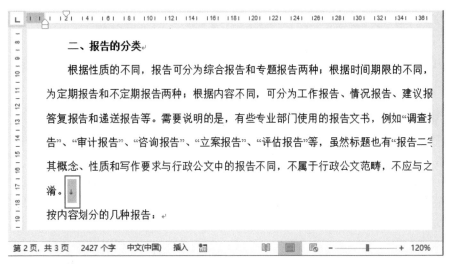

图9-13

 注意事项 在查找分隔符时，编辑标记需为开启状态。

9.2.2 替换文本

替换文本就是将文档中指定的文本替换成新文本。例如，批量更改错别字，就可以用这种方法来解决。下面将把文档中的"形势"批量更改为"形式"。

在"开始"选项卡中单击"替换"按钮，打开"查找和替换"对话框，在"替换"选项卡中将"查找内容"设为"形势"，将"替换为"设为"形式"，单击"全部替换"按钮，在打开的替换结果窗口中会显示出替换的数量。单击"确定"按钮，如图9-14所示。此时，文档中所有"形势"均更改为"形式"了，如图9-15所示。

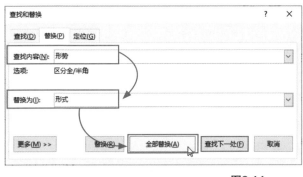

图9-14

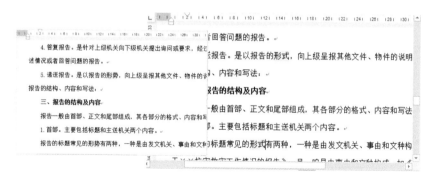

图9-15

9.2.3 替换文本格式

想要突显某关键词,可使用替换功能来操作。例如,将文档中所有"报告"文本都以红色、加粗显示。具体操作: 将光标放置于正文起始位置,打开"查找和替换"对话框,在"替换"选项卡中将"查找内容"设为"报告",接下来将光标放置"替换为"方框中,单击"格式"按钮,在打开的列表中选择"字体"选项,如图9-16所示。在"字体"对话框中根据需要设置好文本格式,如图9-17所示。

图9-16

图9-17

设置后单击"确定"按钮,返回至上一层对话框,此时在"替换为"方框下会显示出相应的文本格式。单击"搜索"下拉按钮,在其列表中选择"向下"选项,设置替换范围,如图9-18所示。单击"全部替换"按钮,在打开的提示窗口中单击"否"按钮。此时,除标题外,正文中所有"报告"文本都以红色加粗突出显示出来了,如图9-19所示。

图9-18

图9-19

在以上案例中，由于标题有"报告"
文字，所以在操作时需要先将光标放
置在正文起始处，然后调整一下"搜
索"范围。如不调整，默认为"全
部"，那标题中的"报告"格式也会
被替换。如图9-20所示的是"搜索"
范围为"全部"的效果。

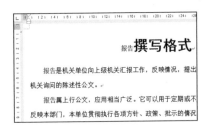

图9-20

9.2.4 替换内容样式

▶扫一扫 看视频◀

替换功能不仅可以对文
档中的字、词及其格式进行替
换，还可以根据需要替换段落样式。下面将以统一
替换文档中的小标题样式为例来介绍具体操作。

先调整好默认"标题2"样式。在"样式"列表
中右击"标题2"选项，在其列表中选择"修改"选
项，在"修改样式"对话框中调整好样式，如图
9-21所示。

接下来，打开"查找和替换"对话框，在"替
换"选项卡中将光标放置"查找内容"方框中。单击
"格式"按钮，选择"字体"选项，在打开的对话
框中设置与当前小标题相同的格式，如图9-22所

图9-21

示。将光标放置于"替换为"方框中，单击"格式"下拉按钮，从列表中选择"样式"选项，在打开的"替换样式"对话框中选择"标题2"样式，单击"确定"按钮，如图9-23所示。

图9-22

图9-23

单击"全部替换"按钮，在打开的提示窗口中单击"确定"按钮。此时，文档中所有小标题都已添加了"标题2"样式，如图9-24所示。

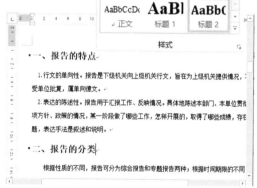

图9-24

经验之谈

使用过"查找和替换"功能后，当下次再使用时，系统会自动保留上一次替换内容，用户需清除内容再进行操作。如果设置了格式，那么只需单击下方"不限定格式"按钮，即可清除之前设置的格式或样式，如图9-25所示。

图9-25

9.3 查找与替换的高级应用

以上介绍的是查找与替换的基本应用，在日常工作中会经常使用到。除此之外，用户也会遇到一些复杂的替换操作，例如中英文双引号互换、模糊查找姓名、批量删除图片等。下面将对这些操作技巧进行介绍。

9.3.1 了解通配符

提起查找和替换的高级应用技巧，就不得不介绍一下通配符。Word中除了使用编辑标记代码进行查找或替换操作外，还会涉及另一种特殊的字符，例如"*" "?" "<" ">"等，这类字符就叫作通配符。它仅代表一种类型的字符，而不是某个具体的字符。表9-1罗列了几种常见通配符及其含义，供用户参考。

表9-1

通配符	含义	通配符	含义
?	任意单个字符	{n}	N个重复的前一字符或表达式
*	任意数量的字符	{n, }	至少n个前一字符或表达式
<	单词的开头	{n, m}	N到m个前一个字符或表达式
>	单词的结尾	@	一个或以上的前一个字符或表达式
[ ]	指定字符之一	(n)	表达式
[-]	指定范围内的任意单个字符	[!x-z]	中括号内指定字符范围以外的任意单个字符

在使用通配符时，使用"( )"括起来的内容称为表达式。表达式主要用于对内容进行分组，以便在替换时以组为单位进行灵活操作。

注意事项　在输入通配符时，一定要在英文状态下输入，否则视为无效。

9.3.2 批量替换双引号

如图9-26所示的双引号为中文新罗马字体，在文档中会显得不美观。现需要将其批量更改为宋体状态下的双引号，如图9-27所示，这就需要使用替换功能来操作了。

<table>
<tr><td>图9-26</td><td>图9-27</td></tr>
</table>

图9-26 　　　　　　　　　　　　　　图9-27

打开"查找和替换"对话框,在"查找"选项卡中,勾选"使用通配符"复选框,然后将"查找内容"设为["""](该双引号为中文状态下的双引号),单击"在以下项中查找"按钮,选择"主文档"按钮,此时文档中所有双引号都被选中,如图9-28所示。

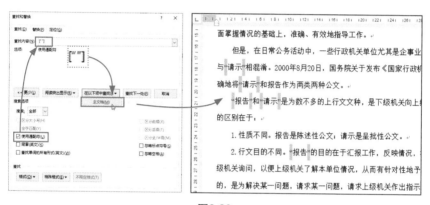

图9-28

关闭该对话框。在"开始"选项卡中将其字体统一设为"宋体",被选中的双引号都会以宋体来显示,如图9-29所示。

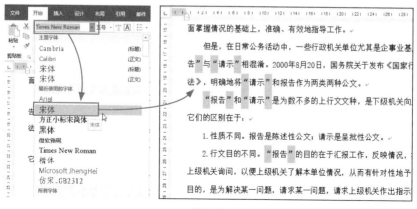

图9-29

除替换双引号外，其他标点符号，如逗号、句号、分号等，都可以使用该方法来替换。当然，如果要将英文双引号批量替换成中文双引号的话，使用该方法也是比较方便的，但需注意的是，在"查找内容"中的双引号要在英文状态下输入，否则将无法查找到相应的内容。

9.3.3 模糊查找并替换人名

▶扫一扫 看视频◀

要将如图9-30所示的"王铭语""王明语""王名语"统一更换成"王茗语"，该如何操作呢？其实，像这种情况，使用通配符"*"就可以解决。

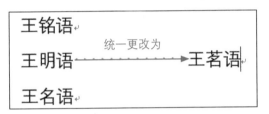

王铭语

王明语 ——统一更改为——→ 王茗语

王名语

图9-30

按【Ctrl+H】组合键，打开"查找和替换"对话框，先勾选"使用通配符"复选框，然后在"查找内容"方框中输入"王*语"，在"替换为"方框中输入"王茗语"，单击"全部替换"按钮即可，如图9-31所示。

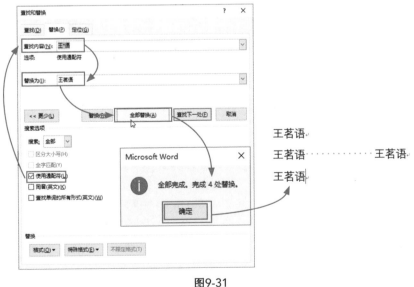

图9-31

通配符"*"代表任意字符串,它可以表示0个或多个字符。所以在进行模糊查找时,如果已经确定了前后两个字符,中间的字符,或字符数量不确定时,就可以用"*"来代表。但需注意的是,使用"*"时,一定要勾选"使用通配符"复选框才行。

9.3.4 批量删除所有嵌入图片

利用替换功能可以将文档中所有嵌入型的图片批量删除。

打开所需文档,并打开"查找和替换"对话框,将光标定位至"查找内容"文本框中,单击"特殊格式"按钮,从中选择"图形"选项。此时在"查找内容"方框中会显示出相应的标记代码"^g"。然后将"替换为"文本框留空,单击"全部替换"按钮即可,如图9-32所示。

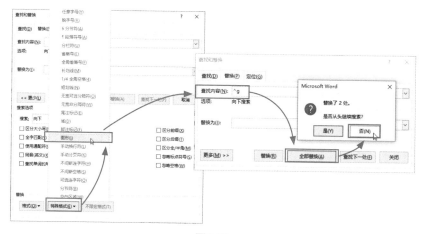

图9-32

设置完成后,文档中所有嵌入型的图片已被删除,如图9-33所示。

图9-33

 该操作仅适用于嵌入型图片。如果图片为环绕型,将不会生效。

9.3.5 表格中批量添加货币符号

为表格数据批量添加货币符号,也可以使用替换功能来解决。例如,要为表格中"费用"一列数据批量添加"¥"符号,可通过以下方法来操作。

打开文档,选中"费用"列所有单元格,按【Ctrl+H】组合键打开"查找和替换"对话框。先勾选"使用通配符"复选框,然后将"查找内容"设为"(<[0-9])",将"替换为"设为"¥\1",单击"全部替换"按钮,在打开的提示窗口中选择"否"按钮,完成货币符号的添加操作,如图9-34所示。

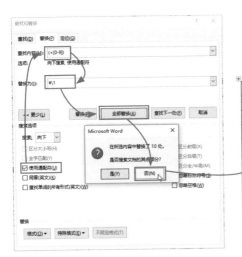

图9-34

通配符"(<[0-9])"表示的是一组字符串开头,其中"()"表示的是一组字符;"<"表示的是字符的开头;"[0-9]"表示的是这组数据为0~9之间任意数字。

通配符"¥\1"表示的是在第1个字符前添加"¥",其中"\1"表示引用查找内容的第1组字符。

注意事项　在输入通配符时,所有字符都必须在英文状态下输入才行,否则视为无效。

拓展练习：隐藏手机号码中间4位数

隐藏手机号码在Excel中可以利用函数进行操作,而在Word表格中该如何来操作呢? 很简单,利用替换功能就能够轻松完成,如图9-35、图9-36所示的是号码隐藏前、后的效果。下面就来介绍具体操作方法。

中一班幼儿家长联系表

幼儿姓名	家长姓名	联系电话
陈佳仪	陈旭航	10233644587
陈晓熙	李玉舟	10536553651
黄以轩	王晓乐	11632564410
李程程	刘孜微	11736645593
李奕辰	李加庆	12465997452
刘慧敏	刘至严	10245866963
刘妙妙	陈夕瑶	10423365501
宋玉楠	宋言	11746996312
王茗语	王大致	12136658879
王至林	陈箐	11623559841
吴佳彦	吴辰胜	10536445210
夏子涵	徐晓蕊	11365994852
张家硕	吴倩倩	10236654495
张新茹	张强	11365448930

图9-35

中一班幼儿家长联系表

幼儿姓名	家长姓名	联系电话
陈佳仪	陈旭航	102****4587
陈晓熙	李玉舟	105****3651
黄以轩	王晓乐	116****4410
李程程	刘孜微	117****5593
李奕辰	李加庆	124****7452
刘慧敏	刘至严	102****6963
刘妙妙	陈夕瑶	104****5501
宋玉楠	宋言	117****6312
王茗语	王大致	121****8879
王至林	陈箐	116****9841
吴佳彦	吴辰胜	105****5210
夏子涵	徐晓蕊	113****4852
张家硕	吴倩倩	102****4495
张新茹	张强	113****8930

图9-36

　　打开原始文档,按【Ctrl+H】组合键打开"查找和替换"对话框,勾选"使用通配符"复选框后,在"查找内容"方框中输入"(1??)(????)(????)",然后在"替换为"方框中输入"\1****\3",单击"全部替换"按钮,在打开的提示窗口中单击"确定"按钮即可,如图9-37所示。

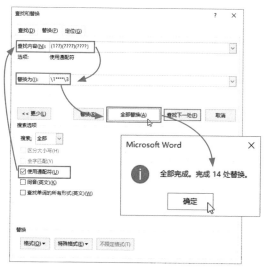

图9-37

操作原理解析:

　　通配符(1??)(????)(????)中,"()"表示将查找内容进行分组,3个"()"则表示将字符串分为3组;"(1??)"表示第1组由1开头的号码前3位,其中"?"表示任意单个字符;后面两组"(????)"则表示第2组和第3组的4个任意字符。

　　通配符"\1****\3"中,"\1"表示第1组字符串正常显示;"****"表示第2组字符串用"*"代替;"\3"表示第3组字符串正常显示。

知识地图

本章主要向用户介绍了查找与替换功能的操作。学会该功能, 工作效率将会大大提高。下面对本章内容进行梳理, 以便加深读者的印象, 巩固所学的知识点。

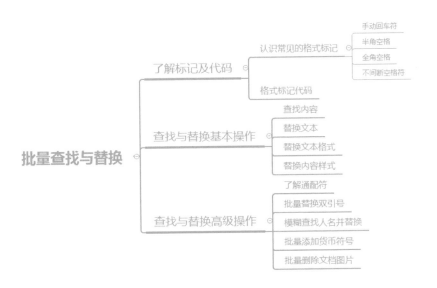

学习笔记

第 10 章

高级应用技能
显身手

　　在Word排版中，域和邮件合并这两项功能经常会被用到。例如，快速输入当前时间，批量制作出30份邀请函等。本章将对这两项功能的应用进行介绍。

10.1 域功能的应用

当用户在文档中插入目录、页码、链接、索引等一切可变内容时，系统就会以域的形式展现出来。所以掌握域的基本操作，对提高工作效率有很大帮助。

10.1.1 什么是域

域是Word中一种特殊命令，主要由大括号、域名称、选项开关构成，如图10-1所示的是插入的日期域代码。

图10-1

（1）大括号

大括号是域的专用括号，相当于Excel公式中的"="。该符号不能手动输入，而需要按【Ctrl+F9】组合键自动输入才行。

（2）域名称

域名称指的是域的类型。图10-1中显示的是"TIME"，那就是TIME域。Word中包含几十种域供用户选择。

（3）域的开关

域开关用于设置域的格式。Word提供了3种域格式，分别为"\@""*""\#"。其中，"\@"用于设置日期和时间格式；"*"用于设置文本格式；"\#"用于设置数字格式。

（4）开关选项参数

双引号及其中的内容是开关设置的选项参数，其文字内容需用英文双引号。中间显示的内容是针对"\@"设置的，用于指定一种日期格式。

右击域代码，在打开的快捷菜单中选择"切换域代码"选项，即可显示域结果，该结果相当于Excel公式中的计算结果，如图10-2所示。

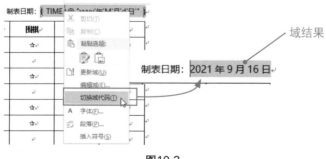

图10-2

经验之谈

插入的域有三个特征：第一，选中域后，域会以专属灰色底纹显示；第二，域具有自动更新功能；第三，域必须按【Ctrl+F9】键入，不能手动直接输入。所以，在区别域与其他文本时，主要看是否符合这三个特征。

▶扫一扫 看视频◀

10.1.2 插入与编辑域

要想在文档中插入域，可通过"域"对话框进行操作。在"插入"选项卡中单击"浏览文档部件"下拉按钮，从列表中选择"域"选项，在打开的"域"对话框中，用户可根据需要先选择域类别，这里选择"日期和时间"类型，然后再从"域名称"列表中选择所需的域，并在右侧"域属性"列表中选择好日期格式，单击"确定"按钮即可，如图10-3所示。

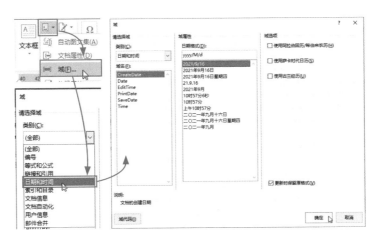

图10-3

此时，在文档光标处即可插入当前的日期时间，如图10-4所示。

每周工作进度汇总表

部门：产品销售部　制表时间：2021/9/16

姓名	工作项目	跟踪进度	问题反馈
陈意然	售后回访 500 名	60%	无
张金佟	开发新客户 100 名	90%	无
吴亮亮	开发新客户 100 名	60%	无
夏荣	售后回访 200 名	95%	无

图10-4

如果用户对当前的日期格式不满意，可对其进行更改。右击域，在快捷列表中选择"编辑域"选项，在打开的"域"对话框中重新选择一款日期格式即可，如图10-5所示。

图10-5

此外，如果对域代码比较熟悉，就可以手动编辑代码。同样，右击域，在快捷列表中选择"切换域代码"选项，进入域代码编辑状态，在此进行编辑即可。编辑完成后，按【F9】键得出域结果，如图10-6所示。

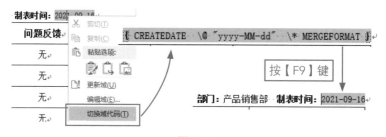

图10-6

注意事项

在修改域代码时，需注意以下几种情况：

- "{ }"必须按【Ctrl+F9】组合键输入；
- 域名可以不区分大小写；
- 大括号内各保留一个空格；
- 域名与其开关或属性之间必须保留一个空格；
- 域开关与选项参数之间必须保留一个空格；
- 如果参数中包含有空格，必须使用英文双引号将该参数括起来。如果参数中包含文字，需用英文单引号将文字括起来；
- 输入路径时，必须使用双反斜线"\\"作为路径的分隔符；
- 无论域代码有多长，都不能强制换行。

10.1.3 更新和删除域

域是可更新的,当下次打开文档时,如果需要进行日期更新,可按【F9】键,或右击域,在快捷列表中选择"更新域"选项,即可将日期更新为最新状态,如图10-7所示。

为了避免某些域在不知情的情况下被意外更新,用户可以对其设置禁止更新操作。将光标定位至域内容中,按【Ctrl+F11】组合键即可将当前域进行锁定。此时右击该域,在其列表中"更新域"选项将不可用,如图10-8所示。按【Shift+Ctrl+F11】组合键可解除锁定域。

图10-7

图10-8

如果需要删除域的话,只需要将光标放置在域的开头,按两次【Delete】键即可。

10.2 文档的批量制作

商务信函、通知书、请柬等文档,主题内容相同,只是称呼有差别,如果一个个制作,效率会非常低。遇到这种特殊文档,用户可以使用邮件合并功能来完成。

10.2.1 批量制作作品标签

作品标签是指展会上对展品进行文字说明的卡片,说明内容包含作品名称、作品种类、作者姓名等。下面就以制作小学生绘画作品标签为例,来介绍邮件合并功能的基本用法。

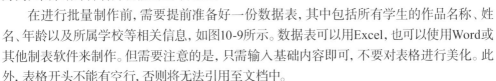

在进行批量制作前,需要提前准备好一份数据表,其中包括所有学生的作品名称、姓名、年龄以及所属学校等相关信息,如图10-9所示。数据表可以用Excel,也可以使用Word或其他制表软件来制作。但需要注意的是,只需输入基础内容即可,不要对表格进行美化。此外,表格开头不能有空行,否则将无法引用至文档中。

新建Word文档,在"邮件"选项卡中单击"开始邮件合并"下拉按钮,从列表中选择"标签"选项,打开"标签选项"对话框,在"产品编号"列表中选择一款基础标签纸张,如图10-10所示。

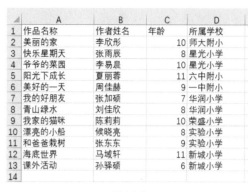

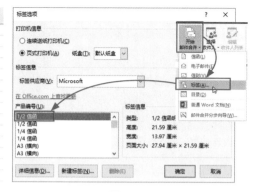

图10-9   图10-10

在该对话框中单击"新建标签"按钮,打开"标签详情"对话框,根据需要设置标签的具体参数值,例如标签名称、标签高度和宽度、横标签数、竖标签数等,如图10-11所示。单击"确定"按钮,返回到上一层对话框,再次单击"确定"按钮,此时,Word文档中会显示出相应的标签版面,如图10-12所示。

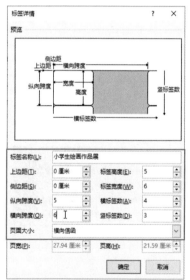

图10-11   图10-12

将光标放置在第1个标签版面中,输入标签内容,并设置好内容格式,如图10-13所示。接下来导入数据表内容。在"邮件"选项卡中单击"选择收件人"下拉按钮,从列表中选择"使用现有列表"选项,打开"选取数据源"对话框,选择准备好的数据表,单击"打开"按钮,如图10-14所示。

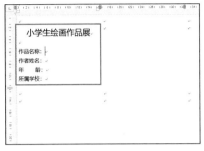

图10-13　　　　　　　　　　　　　　图10-14

在打开的"选择表格"对话框中，系统会默认选择该表格，单击"确定"按钮，如图10-15所示。此时文档中会根据标签版面，批量插入"下一记录"域，如图10-16所示。

图10-15　　　　　　　　　　　　　　图10-16

将光标放置在第1个标签中的"作品名称"末尾处，在"邮件"选项卡中单击"插入合并域"下拉按钮，从列表中选择"作品名称"选项，此时光标处即可插入相应的域，如图10-17所示。按照同样的方法，分别将"作者姓名""年龄""所属学习"3个域分别插入相应的位置，如图10-18所示。

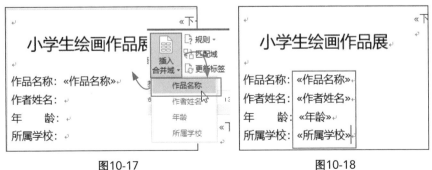

图10-17　　　　　　　　　　　　　　图10-18

域插入完成后，单击"更新标签"按钮，系统会按照第1个标签模式，自动填充其他标签内容，如图10-19所示。

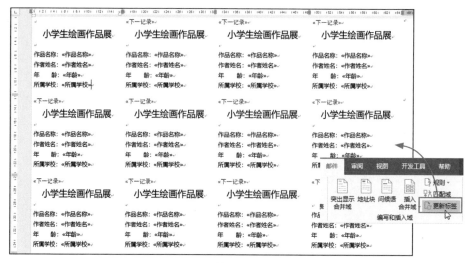

图10-19

在"邮件"选项卡中单击"完成并合并"下拉按钮，从列表中选择"编辑单个文档"选项，在打开的"合并到新文档"对话框中保持默认设置，单击"确定"按钮，如图10-20所示。系统会新建一份"标签1"文档，并根据数据表中的内容自动完成所有标签内容的制作，如图10-21所示。

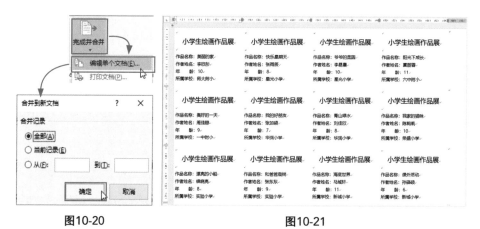

图10-20   图10-21

10.2.2   批量制作面试通知

下面将利用邮件合并功能批量制作面试通知书。

打开面试通知模板文档，在"邮件"选项卡中单击"开始邮件合并"下拉按钮，从列表中选择"邮件合并分布向导"选项，打开"邮件合并"窗格，如图10-22所示。

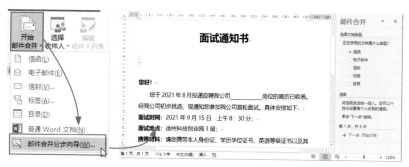

图10-22

保持当前窗格中的默认选项，单击"下一步：开始文档"按钮，打开下一步设置窗格，保持选中"使用当前文档"选项，单击"下一步：选择收件人"按钮，如图10-23所示。打开下一步设置窗格，单击"浏览"按钮，打开"选取数据源"对话框，选择要导入的数据表，单击"打开"按钮，如图10-24所示。

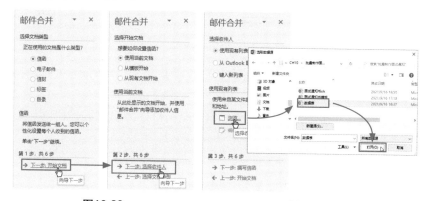

图10-23   图10-24

在打开的对话框中单击"确定"按钮，打开"邮件合并收件人"对话框，在此用户可根据需要单独选择某几个选项，也可以保持全部为选中状态，单击"确定"按钮，关闭对话框，如图10-25所示。

在"邮件合并"窗格中继续单击"下一步：撰写信函"按钮，打开相应的设置窗格，如图10-26所示。

图10-25   图10-26

返回到文档页面,将光标放置在要插入"姓名"的位置处,在"邮件"选项卡中单击"插入合并域"下拉按钮,从列表中选择"姓名"选项,即可在光标处插入"姓名"域,如图10-27所示。

接下来,设置一个条件规则。单击"规则"下拉按钮,从列表中选择"如果…那么…否则"选项,在打开的"插入Word域:如果"对话框中,设置好条件信息,如图10-28所示。

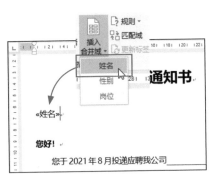

图10-27

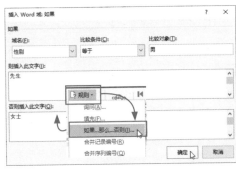

图10-28

这里解释一下设置的条件规则。当系统根据数据表识别其性别为"男"时,那么将会自动显示为"先生",否则就会显示"女士"。

用户可以调整一下域名的格式。将光标定位至岗位处,继续插入"岗位"域名,如图10-29所示。

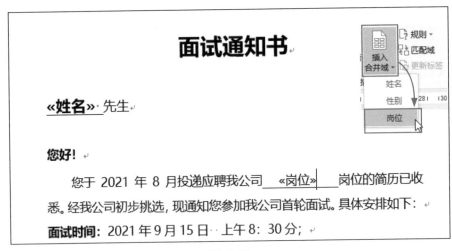

图10-29

在"邮件合并"设置窗格中单击"预览信函"按钮,在打开的下一步窗格中单击"下一步:完成合并"按钮,如图10-30所示。在打开的设置窗格中单击"编辑单个信函"按钮,在打开的"合并到新文档"对话框中单击"确定"按钮,如图10-31所示。

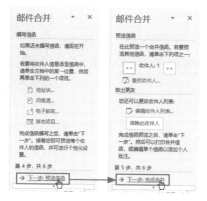

图10-30　　　　　　　　　　　　　　　　图10-31

此时, 系统会新建一份"信函"文档, 并根据导入的数据表信息, 自动完成所有人员的面试通知书的设置操作, 如图10-32所示。

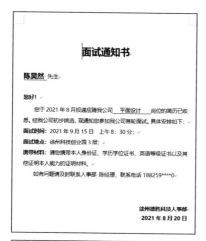
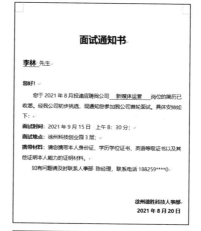
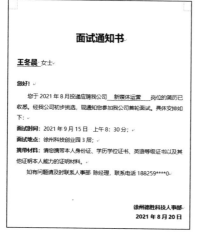
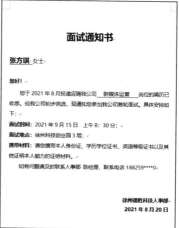

图10-32

拓展练习：批量制作双面会议桌签

会议桌签通常放置于会议桌上，用于标记出席单位或个人。制作桌签的方法有很多，下面将利用邮件合并功能来制作。

Step 01 制作桌签模板。新建空白文档，打开"页面设置"对话框，调整好纸张大小。单击"页边距"下拉按钮，选择"窄"选项，调整页边距，如图10-33所示。

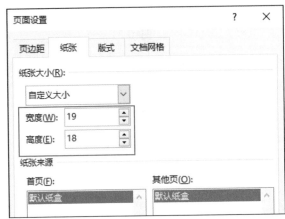

图10-33

Step 02 插入2行1列的表格，并调整好表格的大小，将其铺满整个页面。将两行平均分布，如图10-34所示。

Step 03 将光标放置于第2行单元格中，插入背景图片，并以衬于文字下方的方式显示出来，调整好图片大小，如图10-35所示。

图10-34

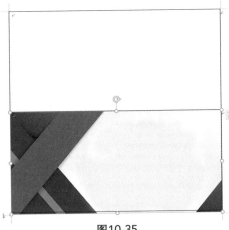

图10-35

Step 04　将该图片复制到第1行中，并在"图片工具-格式"选项卡中单击"旋转"按钮，先选择"水平翻转"，再选择"垂直翻转"，将图片进行旋转操作，如图10-36所示。

Step 05　插入文本框，并以浮于文字上方显示。将文本框轮廓和填充都设为"无"，输入并设置好文本内容，如图10-37所示。

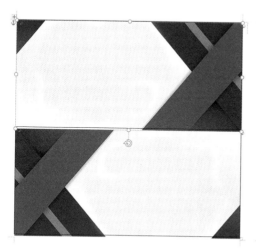

图10-36

图10-37

Step 06　复制文本内容，并进行"垂直翻转"，翻转文字，将其放置于第1行单元格中的合适位置，效果如图10-38所示。

Step 07　选中表格，单击"边框"下拉按钮，选择"无框线"选项，隐藏表格框线，如图10-39所示。

图10-38

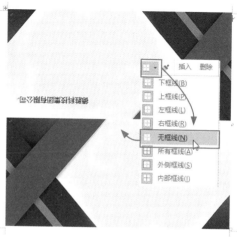

图10-39

Step 08 打开Excel软件,录入名单信息,并将其保存好,如图10-40所示。

Step 09 在模板中创建一个空白文本框,调整好位置,如图10-41所示。

图10-40　　　　　　　　　　　　　　　　图10-41

Step 10 在"邮件"选项卡中单击"选择收件人"下拉按钮,从列表中选择"使用现有列表"选项,导入创建的Excel名单,如图10-42所示。

Step 11 在"邮件"选项卡中单击"插入合并域"下拉按钮,选择"姓名"选项,在空白文本框中插入"姓名"域,设置好该域名的字体格式,如图10-43所示。

图10-42　　　　　　　　　　　　　　　　图10-43

Step 12 复制该域至第1行中,并对其进行旋转,结果如图10-44所示。

Step 13 单击"预览结果"按钮,可查看当前桌签效果,如图10-45所示。

图10-44   图10-45

Step 14 确认无误后，单击"完成并合并"下拉按钮，在其列表中选择"编辑单个文档"选项，打开"合并到新文档"对话框中，单击"确定"按钮，即可完成桌签的批量制作，最终效果如图10-46所示。

图10-46

知识地图

本章主要向用户介绍了Word的高级应用技巧，包括域功能的应用以及文档的批量制作。下面对本章所学知识点内容进行梳理，以便加深读者的印象，提高学习效率。

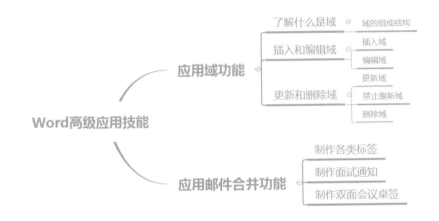

学习笔记

附录

附录A｜Word办公小帮手——快捷键

功能键

按键	功能描述	按键	功能描述
F1	寻求帮助文件	F8	扩展所选内容
F2	移动文字或图形	F9	更新选定的域
F4	重复上一步操作	F10	显示快捷键提示
F5	执行定位操作	F11	前往下一个域
F6	前往下一个窗格或框架	F12	执行"另存为"命令
F7	执行"拼写"命令		

Shift组合功能键

组合键	功能描述
Shift+F1	启动上下文相关"帮助"或展现格式
Shift+F2	复制文本
Shift+F3	更改字母大小写
Shift+F4	重复"查找"或"定位"操作
Shift+F5	移至最后一处更改
Shift+F6	转至上一个窗格或框架
Shift+F7	执行"同义词库"命令
Shift+F8	减少所选内容的大小
Shift+F9	在域代码及其结果间进行切换
Shift+F10	显示快捷菜单
Shift+F11	定位至前一个域
Shift+F12	执行"保存"命令

续表

组合键	功能描述
Shift+→	将选定范围扩展至右侧的一个字符
Shift+←	将选定范围扩展至左侧的一个字符
Shift+↑	将选定范围扩展至上一行
Shift+↓	将选定范围扩展至下一行
Shift+Home	将选定范围扩展至行首
Shift+End	将选定范围扩展至行尾
Ctrl+Shift+↑	将选定范围扩展至段首
Ctrl+Shift+↓	将选定范围扩展至段尾
Shift+Page Up	将选定范围扩展至上一屏
Shift+Page Down	将选定范围扩展至下一屏
Shift+Tab	选定上一单元格的内容
Shift+ Enter	插入换行符

Ctrl组合功能键

组合键	功能描述	组合键	功能描述
Ctrl+B	加粗字体	Ctrl+F1	展开或折叠功能区
Ctrl+I	倾斜字体	Ctrl+F2	执行"打印预览"命令
Ctrl+U	为字体添加下划线	Ctrl+F3	剪切至"图文场"
Ctrl+Q	删除段落格式	Ctrl+F4	关闭窗口
Ctrl+C	复制所选文本或对象	Ctrl+F6	前往下一个窗口
Ctrl+X	剪切所选文本或对象	Ctrl+F9	插入空域
Ctrl+V	粘贴文本或对象	Ctrl+F10	将文档窗口最大化
Ctrl+Z	撤销上一操作	Ctrl+F11	锁定域
Ctrl+Y	重复上一操作	Ctrl+F12	执行"打开"命令
Ctrl+A	全选整篇文档	Ctrl+Enter	插入分页符

附录B｜高效办公辅助工具——思维导图

思维导图通过文字、线条、颜色、图像、结构等形式，来开发我们的大脑思维，帮助我们理清事物的来龙去脉，以方便我们记忆。它的应用范围非常广，可以说在任何领域都能够见到它的身影。例如，在本书中笔者就在每章结尾处利用思维导图的形式对本章的重点进行提炼，以帮助读者快速地厘清各知识点之间的关系，方便理解和记忆。

思维导图在日常工作中也很常见。从整个项目的策划安排，到某个报告文档的编写制作，都可利用思维导图来协助我们有序地开展工作，如图1所示的是新品发布会项目的策划内容，如图2所示的是单个"主持稿"文档的制作大纲。

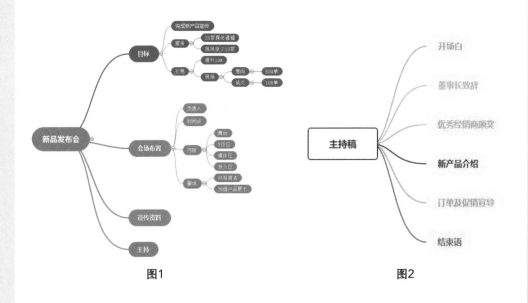

图1   图2

从思维导图的类型上来说，可分为电子图和手绘图。电子图是利用各种思维导图软件进行绘制，而手绘图是纯手工绘制。

（1）思维导图软件

目前，网络上有不少免费的思维导图软件，例如XMind、MindMaster、GitMind等。其中，XMind是一款国内比较知名的思维导图软件，该软件有Plus/Pro版本，可以提供更专业的功能。除了常规的思维导图外，它也提供了树状图、逻辑结构图和鱼骨图，具有内置拼写检查、搜索、加密，甚至音频笔记功能，如图3所示。

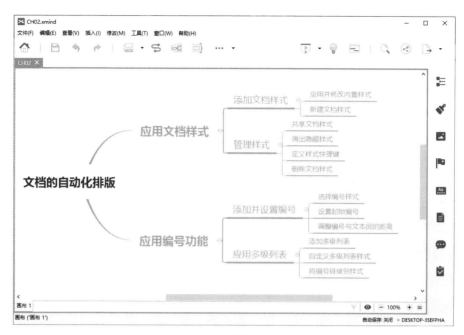

图3

MindMaster是一款在线思维导图软件，提供有丰富的功能和模板，可免费导出多种文本格式。有脑图社区，提供有大量的脑图模板可以参考；可以为脑图内容插入关系线，快速梳理各个主题内容间的关系，如图4所示。

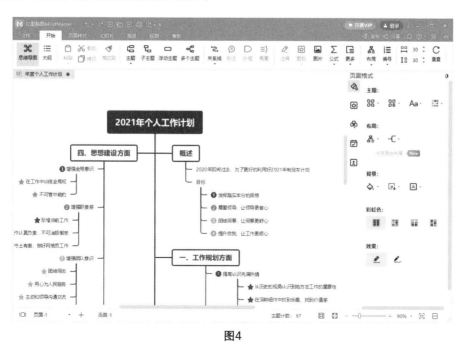

图4

　　GitMind是一款免费专业的在线思维导图软件。界面简洁美观、操作简单，支持Web云端保存，不用担心脑图文件丢失。脑图风格多样，适用于多场合，思维导图、目录组织图、逻辑结构图等都可以制作，如图5所示。

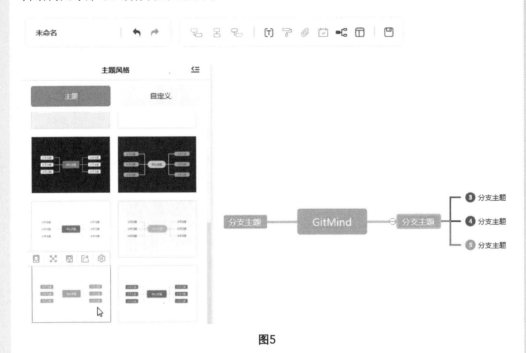

图5

　　除了使用思维导图软件之外，用户还可以使用Office办公软件中的流程图来绘制。以Word软件为例，在"插入"选项卡中单击"SmartAtr"按钮，在打开的"选择SmartArt图形"对话框中，选择一款合适的图形，如图6所示。

　　选择完成后，单击"确定"按钮，插入该图形，如图7所示。在图形中输入文字内容即可。

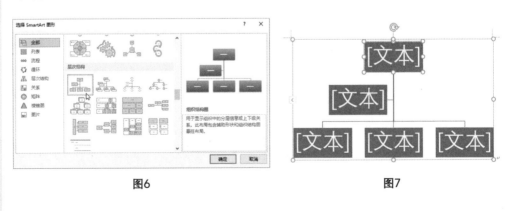

图6　　　　　　　　　　　　　　图7

此外，利用WPS Office软件也可以快速制作思维导图。在新建界面中单击"脑图"按钮，在打开的脑图界面中可以创建空白脑图，也可以选择模板创建脑图，如图8所示，使用起来也很方便。

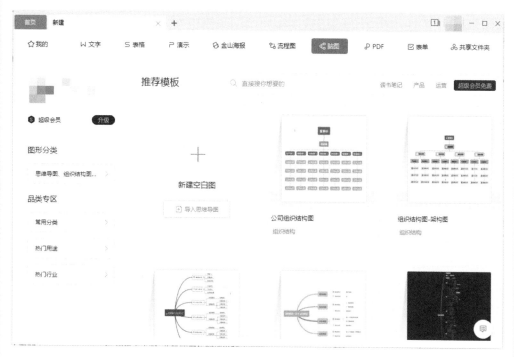

图8

（2）手工绘制

如果是有绘画基础的读者，可以自己手工绘制思维导图。这样的思维导图看上去不呆板，很轻松，而且可以随时随地增添条目内容，不受地域的限制。

手工绘制思维导图所要准备的工具很简单，只需纸张和画笔即可。纸张一般选用A4尺寸就可以了，具体大小可以根据思维导图内容的多少来定。画笔最好准备三种以上的颜色。为了方便记忆，导图中的各条分支内容都选用不同颜色来区分。

此外，读者还可以使用电子手绘板进行绘制，通过在绘图板上手绘，并将图案传输到电脑中进行后期的加工调整，这样出来的效果也很不错。